工业设计专业系列教材

图解思考
Graphic Thinking

陈彬 编著

中国建筑工业出版社

图书在版编目(CIP)数据

图解思考/陈彬编著.—北京：中国建筑工业出版社，2009
（工业设计专业系列教材）
ISBN 978-7-112-11557-0

Ⅰ．图… Ⅱ．陈… Ⅲ．工业产品-设计-高等学校-教材 Ⅳ．TB472

中国版本图书馆CIP数据核字(2009)第204518号

责任编辑：李晓陶　李东禧
责任设计：赵明霞
责任校对：兰曼利　赵　颖

工业设计专业系列教材
图解思考
Graphic Thinking
陈彬　编著

*

中国建筑工业出版社出版、发行（北京西郊百万庄）
各地新华书店、建筑书店经销
北京天成排版公司制版
北京富生印刷厂印刷

*

开本：787×1092毫米　1/16　印张：7¼　字数：180千字
2010年3月第一版　2010年3月第一次印刷
定价：36.00元
ISBN 978-7-112-11557-0
　　　(18799)

版权所有　翻印必究
如有印装质量问题，可寄本社退换
（邮政编码　100037）

工业设计专业系列教材 编委会

编委会主任：肖世华　谢庆森

编　　委：韩凤元　刘宝顺　江建民　王富瑞　张　琲　钟　蕾
　　　　　　陈　彬　毛荫秋　毛　溪　尚金凯　牛占文　王　强
　　　　　　朱黎明　倪培铭　王雅儒　张燕云　魏长增　郝　军
　　　　　　金国光　郭　盈　王洪阁　张海林(排名不分先后)

参 编 院 校：天津大学机械学院　　天津美术学院　　天津科技大学
　　　　　　　天津理工大学　　　　天津商业大学　　天津工艺美术职业学院
　　　　　　　江南大学　　　　　　北京工业大学　　天津大学建筑学院
　　　　　　　天津城建学院　　　　河北工业大学　　天津工业大学
　　　　　　　天津职业技术师范学院　天津师范大学

序

　　工业设计学科自20世纪70年代引入中国后，由于国内缺乏使其真正生存的客观土壤，其发展一直比较缓慢，甚至是停滞不前。这在一定程度上决定了我国本就不多的高校所开设的工业设计成为冷中之冷的专业。师资少、学生少、毕业生就业对口难更是造成长时期专业低调的氛围，严重阻碍了专业前进的步伐。这也正是直到今天，工业设计仍然被称为"新兴学科"的缘故。

　　工业设计具有非常实在的专业性质，较之其他设计门类实用特色更突出，这就意味此专业更要紧密地与实际相联系。而以往，作为主要模仿西方模式的工业设计教学，其实是站在追随者的位置，被前行者挡住了视线，忽视了"目的"，而走向"形式"路线。

　　无疑，中国加入世界贸易组织，把中国的企业推到国际市场竞争的前沿。这给国内的工业设计发展带来了前所未有的挑战和机遇，使国人越发认识到了工业设计是抢占商机的有力武器，是树立品牌的重要保证。中国急需自己的工业设计，中国急需自己的工业设计人才，中国急需发展自己的工业设计教育的呼声也越响越高！

　　局面的改观，使得我国工业设计教育事业飞速前进。据不完全统计，全国现已有几百所高校正式设立了工业设计专业。就天津而言，近几年，设有工业设计专业方向的院校已有十余所，其中包括艺术类和工科类，招生规模也在逐年增加，且毕业生就业形势看好。

　　为了适应时代的信息化、科技化要求，加强院校间的横向交流，进一步全面提升工业设计专业意识并不断调整专业发展动向，我们在2005年推出了《工业设计专业系列教材》一套丛书，受到业内各界人士的关注，也有更多的有志者纷纷加入本系列教材的再版编写的工作中。其中《人机工程学》和《产品结构设计》被评为普通高等教育"十一五"国家级规划教材。

　　经过几年的市场检验与各院校采用的实际反馈，我们对第二次8册教材的修订和编撰，作了部分调整和完善。针对工业设计专业的实际应用和课程设置，我们新增了《产品设计快速表现诀要》、《中英双语工业设计》、《图解思考》三本教材。《工业设计专业系列教材》的修订在保持第一版优势的基础上，注重突出学科特色，紧密结合学科的发展，体现学科发展的多元性与合理化。

　　本套教材的修订与新增内容均是由编委会集体推敲而定，编写按照编写者各自特长分别撰写或合写而成。在这里，我们要感谢参与此套教材修订和编写工作的老师、专家的支持和帮助，感谢中国建筑工业出版社对本套教材出版的支持。希望书中的观点和内容能够引起后续的讨论和发展，并能给学习和热爱工业设计专业的人士一些帮助和提示。

2009年8月于天津

前　言

　　编写本书之前，对于设计学科的基本框架，尤其是设计学院的教学体系研究了较长一段时间。近几年，在课程上分别讲授过透视、形态构成、3D、标志、设计素描等基础课程，对于不同课程间的联系，一直有些潜在的感想。同一个时期，因为参与了设计多个专业的项目设计工作，对于其中的创意表现问题也有所考虑，有所感触。这些思考就是：在学习阶段重视思考创意，依靠扎实的专业基础加上后天经验，解决复杂的问题，完成设计传达。写下本书这些内容，有意探索设计的核心精神，避免产生循规蹈矩与麻木的设计堆砌。

　　由于找不到更好词组来体现设计创意与视觉表现的过程，借用著名的建筑文献保罗·拉索编著的《图解思考》(Graphic Thinking)来表示书名。与拉索的名著相比，本书也许在内容方面半分神似，但探索的内容是面对设计领域，而非专指建筑设计。图解思考作为一种设计思考模式，已不仅在建筑设计领域广泛应用，在整个设计领域也在整体切入，使设计师在自由草图与创意思考设计流程中展现图形化思维，发现问题，解决问题，尝试利用头脑风暴和其他创意思维策略完成方案设计。一般情况下，专业术语的英文和中文含义就像东西方世界差异那么大，也许貌似重合，但对应的词汇经常只能体现局限的内容。在设计界很多词汇确实只能意会不能言传，例如"logo"和"sign"，两个词的对应中文就很含混，有标志、标识、指示等意思。"Graphic"这个词同时具有多重含义，(Graphic Design平面设计，绘画，图案。这是它的主要含义)，"Graphic Design"翻译成平面设计，也并不是十分恰当的，但翻译成其他似乎又不知所云。"sketching"代表草图速写比较准确，但似乎又过于强调技能，所以完成本书时最终仍然使用"图解思考"这个词组，来象征我们的主张是较为合适的。

　　图解思考是设计创意与视觉表现的过程，是设计师应具备的最基本的两种能力(概念创意和表现能力)的综合体现，是一种艺术体验。图解思考的最终目的是要完成成熟的设计作品或系统，最终完成还需要标准的制图、计算机表现等。图解思考虽然强调手绘与自由思考，但绝不与技术进步和行业标准化对立，是增加设计内涵的手段。

　　学习专业设计是以形态训练为基础起步，除了具备基本的动手能力之外，掌握规范的系统设计方法十分重要，这也是区别艺术创作的行业特点。无论是形态研究还是概念构思，设计师需要了解基本的美学原理和设计程序，这也是设计效率和设计创新的基础。虽然如此，仍要坚持激进的表现艺术感染力，并且坚决反对僵化的训练和技能抄袭。很多报考美术专业的学生肯定都经历过这样的过程，为了应对美术考试而在绘画中使用背诵的程序方法甚至画法口诀。例如十笔画一个水粉苹果、千篇一律的人物眼睛画法等。更进一步的问题在于，商业设计领域其实也充满了模块画法的现象,例如存在一生只用五支相同标号马克笔画图的家装设计师,以及遍布全国的克隆建筑。设计院校培养的设计师应该是开放性、充满个性的创造性人才。本书探讨的是,通过利用开放的思路和灵活多变的技法,进行创新设计的过程。

跟随作者一同探讨、研究设计草图与创意思维之前,应该掌握一定的设计基础能力,特别是几何透视学知识。这样的练习对于设计师学习形态构成和其他设计学科知识也会大有裨益。

作者
2009年10月于北京

目　录

第 1 章 ｜ 总论／009

第 2 章 ｜ 草图技能／011

2.1　设计草图与写生速写／012
2.2　绘画工具／016
2.3　基本要素训练／020

第 3 章 ｜ 形态／027

3.1　形态的研究／027
3.2　使用视觉法则／032

第 4 章 ｜ 设计表现／045

4.1　传统设计图学／045
4.2　剖面结构／052
4.3　技法训练／057

第 5 章 ｜ 抽象语言／069

5.1　符号／069
5.2　动线／流线／076
5.3　图解语法／078
5.4　综合课题：地图／082

第6章 | 创意，智力 / 089

6.1　想象 / 089
6.2　头脑风暴 / 093
6.3　思维导图 / 094

第7章 | 交流与团队合作 / 099

7.1　设计沟通 / 099
7.2　团队合作 / 101

第8章 | 综合案例 / 103

8.1　综合案例一：大庆石油博物馆 / 103
8.2　综合案例二：中国移动信息化体验厅视觉规范系统设计 / 109

后记 / 114

第1章 | 总论

图解思考是设计创意与视觉表现的过程，是设计师最基本的两种能力（概念创意和表现能力）的综合体现，是一种设计生活和艺术体验。图解思考也是空间设计方面展示个体思想和沟通交流的艺术。

图解思考，是通过锻炼草图速写、空间形态分析、头脑风暴和思想交流的过程，以个人、团队形式完成设计创意的过程，并通过思想交流沟通进行验证。作为课程，在提升基础技能的同时，锻炼创意思维并促进个体能力与团队合作设计的过程，并注重社会反馈与信息交流。设计师绘制概念草图并进行结构分析，参与完成团队合作的设计方案，同时注重体验图形、图表表现和提升文化概念的全过程。这些设计方法是建筑景观、室内设计、工业造型、展示传媒、影视动画概念设计的核心能力。对设计学习来讲，图解思考的概念与传统绘画技能和速写课程不同，它与整个设计专业的学习过程相伴始末，从早期的设计速写到复杂的跨专业课题都紧密关联。本书循序渐进地研究利用创意思维和快速表现方法提高设计的综合能力，探索增加设计师的设计思路。本书的理论概念具有线索性质，与传统设计教学体系和课程紧密结合，互相推进。例如与制图、透视、形态构成、表现技法、人机工程等都有紧密的关联，在本书中重点提及从图解思考概念的角度进行的分析。

我们在本书中根据阶段性训练目标和方法，对一些设计科目做综合分析并展开训练，还会利用简洁的符号元素进行训练。例如，方块训练是从平面基本形组合、骨骼、空间分割、尺度比例等不同的视角来作组合设计分析。

通过介绍，我们在进一步研究之前，可以解答清楚本书的几个相关问题。

1. 图解思考是讲什么的？

图解思考是讲解设计师如何掌握通过快速表现来表达创意设计的方法。

2. 图解思考研究解决什么问题？

图解思考研究设计的核心问题"创意"，并力求使设计过程和成果均是围绕"创意"核心而进行的。

3. 图解思考与其他课程的关系。

图解思考是设计课程体系的线索课程，需要保持持续不断的训练，并且将其他多个专业的知识和成果吸纳进来，整体提升设计师的创意设计和技法表达水平。

4. 哪些专业适用图解思考方法学习？

产品设计、展示设计、室内设计、景观设计、动画设计、雕塑、视觉传达等专业均可以利用图解思考的方法进行设计研究。

第2章 | 草图技能

前言中谈到，不赞成僵化的程式化技法，提倡更多的思考创新。设计的本质是不稳定的，固定模式的设计没有生命力，幻想找到万能的技法和通用方案是背离历史规律与文明发展的，艺术设计必然对那些迟滞僵化的审美、系统和价值观进行冲击，以满足设计的核心价值。"学而不思则罔，思而不学则殆。"孔子的思想在当今学习设计的过程中同样适用，仍具有积极的现实意义。如果我们经过了几千年的艺术发展，现在进行中国画创作仍然临摹照搬《芥子园画谱》，即便技法比肩古人，也只是呆板的复印机。人的感官极为丰富，对生活也有不同的体验，创意思维是能够把你的所思所想通过图形的方式准确地表达出来，而表达的方法只是思维的展示，方法技能是服务于这个过程的。

图2-1
永乐宫壁画白描

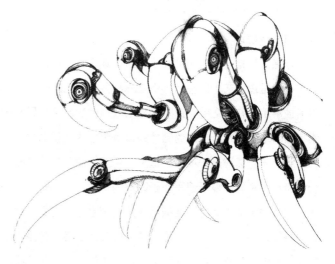

图2-2
设计草图

图 2-3
产品造型草图

2.1 设计草图与写生速写

(1) 造型速写

顾名思义是一种快速的写生方法。速写是中国原创词汇，属于素描的一种。速写同素描一样，不但是造型艺术的基础，也是一种独立的艺术形式。这种独立形式的确立，是欧洲18世纪以后的事情，在这之前，速写只是画家创作的准备阶段和记录手段。在中国，速写综合了西方素描以及中国白描所产生的独特的以线为主的造型方法，为了同"素描"区分概念而命名的一种绘画方法。速写是一项训练造型综合能力的方法，是整体意识的应用和发展。速写的这种综合性特点，主要受限于速写作画时间的短暂，这种短暂又受限于速写对象的活动特点。因为速写是以运动中的物体为主要描写对象，画者在没有充足的时间进行分析和思考的情况下，必然以一种简约的综合方式来表现。速写是感受生活、记录感受的方式。速写使这些感受和想象形象化、具体化。速写是由造型训练走向造型创作的必然途径。

(2) 设计草图

什么是设计草图，跟速写是什么关系？确实，就像他们的名字"速写草图"经常被连用，在英文里是同一个单词来表示。在技法和最终展示效果上速写和草图确实相近似，但本质上他们

|图2-4 写生速写

却完全不同,"速写"是指利用速写技法临摹写生的艺术形式;而"设计草图"是指在设计构思阶段快速勾画的设定图纸,更强调过程而非结果。设计草图是设计师进行概念分析和规划整合的必要手段。学习设计草图和写生速写,要了解透视学、形态构成等学科的知识,用以准确地描绘空间结构。丰富的文化理念和高超的绘画技能可以帮助设计师进行灵性的创作设计。设计草图抽象归纳的画法具有形态的不确定性,结合我们的思维经验,建立起宽阔的延展想象空间。这样的方法可以增加设计师的创意思路,在此基础上描绘新的草图与思考。设计师通过设计草图对于项目对象的整体、细节、外形、构造、色彩、材质、系统等要素进行同步考虑、反复推敲,草图方法对于设计成果的表现深度和系统性具有非常重要的作用。

既然设计草图和速写有这么大的差异,为什么在这一章节里并列来探讨呢?这是因为画草图需要通过有针对性的速写技法训练来增进我们的手绘能力,只有具备了一定的空间图形描绘能力,才能将创意思路在纸面上表现出来。设计草图允许较大程度的不确定性,对于线条的准确性也较为宽泛,但看似简单随意的线条实际包括了丰富的思想内容,因此任何设计工作都不是非专业人员所能轻易涉猎的。

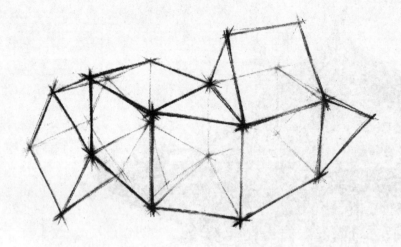

图2-5
结构素描训练

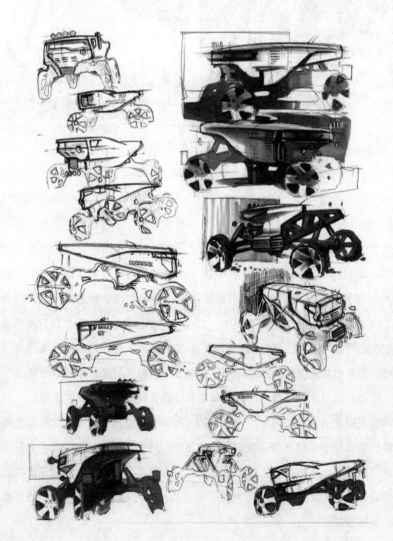

图2-6
产品造型设计

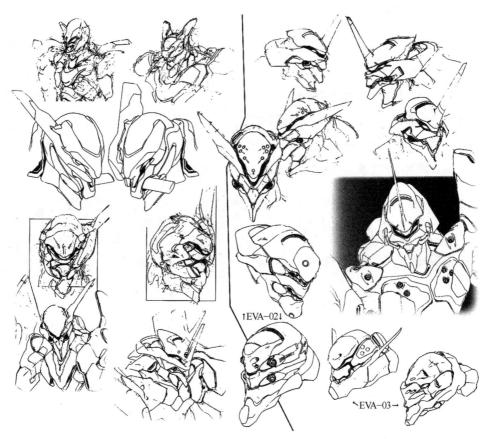

图 2-7
设计草图

图 2-8
产品设计

2.2 绘画工具

设计草图是创意表达的专业技能和表现形式,而绘画工具是进行画面表达的条件和媒介,了解绘画工具和纸张特性是完成设计创意的关键。绘画工具随时代发展不断改进,但即便只是最基本的绘画工具铅笔,也一样能画出完美的作品。另一方面,计算机技术发展迅速,手绘数码板和一些绘图软件可以加速草图的绘制过程,增强画面效果,同时可以方便地进行修改。针对不同的需求,使用的工具不完全相同,恰当地使用绘画工具有助于进行设计表达。对于各个设计领域使用的主要工具,将在之后的章节进行简单的描述。

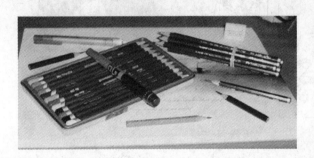

图2-9
绘画工具

图2-10
草图速写绘画工具

2.2.1 写生速写工具

写生速写经常会到乡村等环境较差的地方。因此,除了带好速写钢笔、铅笔、裁纸刀、马克笔、速写本之外,还要视情况带好外出的随身用品。

(1) 速写钢笔

外出写生用的笔需要能够多储藏墨水,这样可以保持线条的流畅。钢笔笔尖多种多样,软硬粗细都有,非常适合写生使用。如果选用碳素墨水,其与水彩、马克笔配合使用则效果更佳。

(2) 铅笔

能够修改、线条感染力强、调子色阶丰富,还可以结合不同纹理的绘图纸和橡皮作出特殊效果和肌理。

(3) 速写本

选用优质纸张、大幅面的速写本。大多数速写本的纸张可以使用马克笔、水彩进行绘画。用速写本写生可以更有效地保存作品,并且能够清晰地看到作品的排列顺序,从而更具完整性。

(4) 马克笔和水彩

大多数情况下速写没有太多时间上色,但简单上色确实能够加强写生的效果和气氛。这种方法大致是一种钢笔淡彩的形式。使用马克笔进行写生需要有扎实的基本功,这种技能对于绘画空间效果图有很大的益处。

（5）外出随身用品

由于观察的需要，写生有时需要数码相机、望远镜、太阳镜、遮光伞等，它们是设计师舒适工作的保证。外出写生最理想的形式是小团队结伴，这也是设计工作较好的形式。

2.2.2 设计草图工具

设计草图使用的工具是任何设计团队和个人需要常备的物品。成卷的草图硫酸纸、绘图笔、铅笔、水溶彩铅、马克笔、绘图纸、色粉、复印机等，都是绘画设计草图用得到的工具。

（1）纸张

1）成卷的草图硫酸纸（"钻石"30mm卷筒设计草图纸）：绘制设计草图经常需要连续的思维惯性。连续绘制的草图互相关联，加入说明性文字和局部详图，同时硫酸纸半透明的质地适合互相拷贝、正反面绘制、马克笔上色，具备令人惊叹的效果和强烈的设计感。成卷的硫酸纸有白色和黄色之分，可以表现出不同的效果。硫酸纸上使用速干钢笔和签字笔、马克笔、水溶铅笔效果都非常好。

2）马克纸：专门为马克笔制造的绘图纸。质地细腻、洁白，背面经过特殊处理。不会被马克笔破坏，对色粉的附着力也非常强，它有同复印纸一样的规格。除此之外，还有一种像硫酸纸的马克纸，效果也很好。

3）彩色底纹纸：这类特种纸有很多品牌，对色彩的吸附度也较高。用彩色底纹纸主要是使用纸张原有的色彩做主色调，再进行局部的光影调整就可以产生独特的艺术效果。强调暗的光线和统一色调的空间适合使用。

4）复印纸：最常用的草图纸张，规格齐全、质地细密，非常适合绘图笔、马克笔、色粉和彩铅等进行快速表现。复印纸还可以很方便地使用复印机进行复制，快速地得到多个版本进行阶段调整。

（2）绘图笔

针管笔、草图笔、勾线笔等有很多种品牌，笔头粗细也分成很多种。使用它们的目的很明确，就是取得相对流畅、粗细一致的效果，尤其适合表现尺寸标注和准确外形。绘图笔不适合在普通绘画用的粗糙纸上使用，笔尖也很容易损坏。一般绘图笔墨水具有速干不溶于水的特点。

（3）铅笔和水溶彩铅

铅笔的使用是广泛的，艺术表现力也很强。水溶性彩铅和普通彩色铅笔上色方法相同，而且可以用水渲染，得到类似水彩的效果。水溶性铅笔手感好，色感鲜艳，画出的线条刚柔并济，灵活流畅，可以表达丰富的创意。

（4）马克笔

图 2-11
设计软件 Covel Painter

图 2-12
设计软件 Autostudio

马克笔有很多品牌,因为使用二甲苯、酒精溶剂等不同溶剂原料而分为几种类型,也就是常说的水性、油性和酒精性马克笔,他们根据表现效果的不同而分别或者混合使用。同时马克笔有单头的、双头的、特宽头的几种，大部分品牌根据特定色环系统产生色彩编号，同样品牌编号的笔色彩是完全一致的。

1）水性马克笔一般是一次性的，边缘清晰、色彩均匀，常常具有叠加效果。初学者适合使用水性马克笔比较容易控制上色准确性，整齐不变色。

2）油性马克笔有一定的扩散效果，叠加效果不明显，较为柔和，透明度高，干得较快，常常可以绘制均匀的大面积色彩并且不会破坏纸张的平整性。油性马克笔在硫酸纸背面绘制后，具有透明而色度降低的效果，很多柔和色调的作品常用其表现。

3）酒精性马克笔色彩鲜明，速干，颜色可以混用，并且不会溶解色粉。油性马克笔和酒精性马克笔应用范围很广，动画、产品、景观、建筑、平面设计等专业均大量使用。

(5) 色粉

色粉在表现曲面的光晕和过渡渐变上十分出众。就绘图的整体特色来看，色粉与马克笔之间的巧妙配合是不可分割的。色粉的色彩种类繁多，从冷到暖有几十种色彩可供选择。

(6) 复印机

设计草图阶段，使用复印机是非常好的方法。无论是在硫酸纸或草图纸绘制的草图难免会有多种想法或系列造型，这样在第一阶段完成后可以大量复印，使下一步的设计有好的阶段性基础，这样也可以保证取得较好的连续设计的效果。善用复印机可以大大提高工作效率，而且质地好的复印纸也非常适合绘画草图。

2.2.3 计算机辅助设计草图工具

随着计算机技术的快速发展，专业绘图软件(Sketchup/Painter/Photoshop等)已经覆盖了整个设计行业，艺术表现力和易用性极高，得到了设计师的认可，从而广泛被使用。硬件如扫描仪、打印机、手写绘图板等也变成了完成设计所必需的外围设备。

(1) 设计软件

1) Google Sketchup是近年来最热的创意草图软件，类似于平面设计软件的界面形式；简单拖拽就可以完成三维设计；模拟手绘效果的线条效果等都是它的特点。高效率的建模常常提供给设计师空间思考方面巨大的帮助。Sketchup 目前较多用于景观建筑设计，未来的趋势会涵盖三维空间设计的各个专业，是非常有前途的软件，设计院校应该加强力度普及使用。

2) Corel Painter，没有其他软件在绘画感和拟真度上能与其媲美，从纸面质感到笔刷属性，从自由调色到手写板512级压力配合都近乎于完美。很多设计师直接使用Painter画图，往往获得精彩的效果。

3) Adobe Photoshop是经典的平面绘图软件，分层功能和专业的调色功能十分强大。对于本课题来讲，它可以在扫描的线稿文件上迅速上色和贴图，也可以为Sketchup输出的图纸进行修改，使用特性十分成熟、连贯，相对于传统的纸面技法表现，具有较高的效率。Photoshop甚至可以轻松地使用鼠标上色，效果也不错。

辅助设计软件各具优势，但总体上讲仍有很大的局限性，自由度没有纸面草图高，而且使用电脑软件有时会影响设计师的创造性，此种说法没有得到确定的论证，但任何技法工具的使用都是有个体差异的，新手应该尽快找到属于自己的方法。

（2）扫描仪

设计草图对扫描仪的要求不高，精度能够达到输出精度即可，目前市面上，中档的桌面usb扫描仪即可，携带方便、使用快捷。

（3）数字手绘板

手绘板是极其重要的专业绘图工具，它可以自由地使用电脑上色绘图。目前口碑较好的是Wacom高端绘图数码笔和与之配合的4d鼠标，几乎所有的绘图软件都可以使用手绘板。

2.3 基本要素训练

循序渐进的草图训练从基本技能起步，学习掌握空间与形态的基本规律，增强设计师三维的结构观念。

2.3.1 线

线是草图绘画的最基本元素，复杂的形体都是依靠线的组合来完成的。线可以分为直线、曲线、波浪线、螺旋线等。这些线的绘画方法借鉴写生速写，可以用各种笔分别尝试，以连贯和稳定为锻炼目标。画线条需要保持较快的速度连续完成，尽量避免涂改，可以直接使用墨水笔练习。

图2-13
快速线条

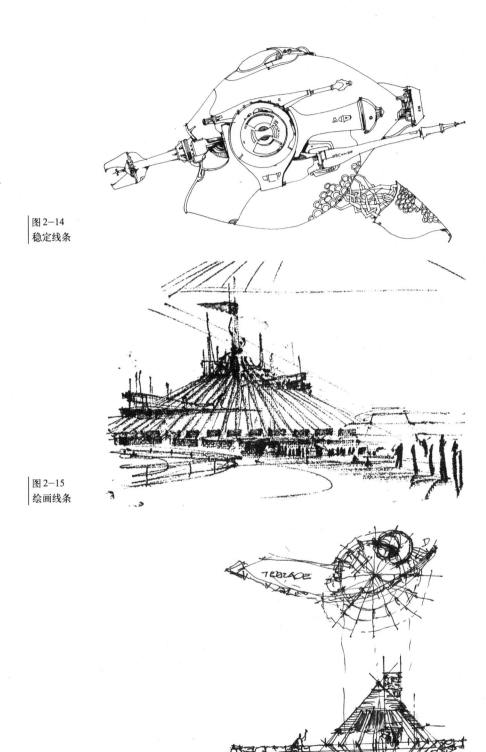

图 2-14
稳定线条

图 2-15
绘画线条

图 2-16
探索线条

2.3.2 几何形的训练

空间中的物体基本都可以概括成各种几何形体，哪怕是复杂的自然物体。在设计过程中，设计表现就是对空间几何形态的描绘。进行方形、圆形、流线形的训练，可以快速在纸面完成多种几何形，并尝试互相搭配组合，大脑和手的配合很关键。草图绘制的速度若慢了，线条就会迟钝并且扭曲。绘画技能需要经常的练习才能有所提高。

平立面练习后应该加入透视的形态，这样我们会发现圆变成了椭圆；方变成了梯形；曲线或者弧面变得难以捉摸。利用简单的几何透视方法，使用松弛流畅的线条完成初级的立体形态草图的绘制。

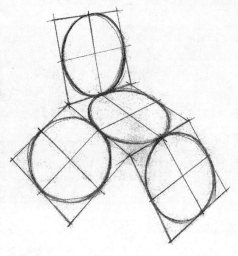
图2-17
圆形的组合透视

由近及远连续的圆形会形成强烈的透视变化关系。

面对更复杂的曲线排列，可以先绘制纽带曲线（动态辅助线），然后跟随动态辅助线的形态将整组曲线流畅画出。

2.3.3 方与块的练习

这里提出的方和块的概念，一方面代表它们各自的形态——矩形和立方体；另一方面，它们体现为二维和三维空间的代表。方和块的形态组成了真实世界大多数的形体，从建筑外形到

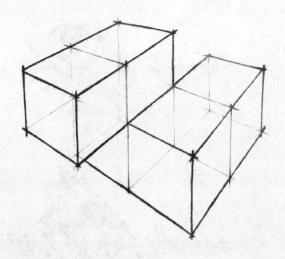
图2-18
方块训练

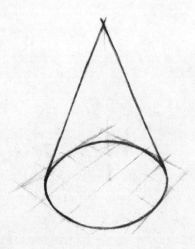
图2-19
锥体训练

图 2—20
方与斜方

纸张书籍、从冰箱电视到体育场地无所不在。而方和块的组合更是能全面的体现视觉法则的大部分内容。几乎所有的产品包装都是矩形的，适合堆放；绝大多数室内房间都是方形的，最适合利用空间，摆放家具和居住；几乎所有的书和纸张都是方的，适合翻阅和书写。并不需要表达方和块的空间优越性，但以方和块为基本元素进行设计训练对于提升手绘技能和设计思维有着重要的意义。方形以其简洁的形式感频繁出现在现代设计中；块材因其实体而具有重量感和体量感也是最常用的立体元素。

广义的块材可以是任何形状的，包括各种几何形和自然形。组合训练中，块的概念主要指矩形。构成的基本方式是分割与积聚，通过这两种方式解读方和块，体现了它们的增减关系、统一与和谐。

1）块的分割

根据位置和角度的不同主要分为等形分割、比例分割、平行分割、曲面分割和自由分割。

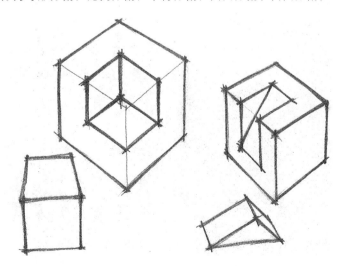

图 2—21
块的分割

2）块的积聚

分割与积聚通常联合使用。主要有分割位移组合、重复形和对比形。积聚训练重点考虑平衡感。

方和块的草图绘制练习，也锻炼设计思维。简单的形态，特别是正方形，在用透视方法表现时需要十分的严格，因为它非常容易暴露空间关系的错位和结构衔接的失真。因此需要有准确的空间定位和扩展思维能力，但这并不意味着绘画方法的死板封闭。图解思考鼓励一次性流畅的笔触和可控的、自然的线条交叉。

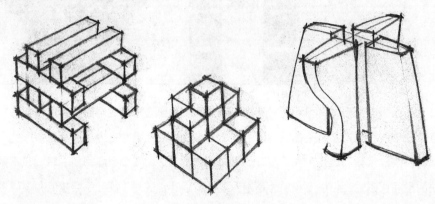

图2-22 块的积聚

3）七巧板和积木

七巧板是中国传统的智力玩具，由唐代的燕几演变而来。七巧板由一块正方形切割为五个小勾股形，将其拼凑成各种事物图形，如动植物、房亭楼阁、车轿船桥等。利用七巧板可以阐明若干重要几何关系，其原理便是古算术中的"出入相补原理"。积木也是一种玩具，其核心的特点就是由抽象简单的木块组成，可以搭成各种形态的建筑和造型。七巧板和积木的核心内涵实际上是形态的组合与排列，也是大部分设计工作需要关注的内容。

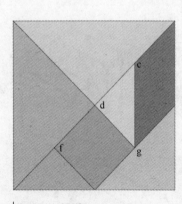

图2-23 七巧板

图2-24 七巧板拼摆人形

4）宣和牌与五方连

宣和牌又称骨牌，宋时盛行。魅力来自不同牌面之间的排列组合。而五连方，其神秘复杂的排列组合特色影响了很多领域的研究。五连方块可以互相组合成平面或者立体的造型，取得的形态出人意料的规整、完美。某种程度上讲，现在社会许多模块化设计都有同样的特点。球形展架搭建，板式组合家具，甚至美国的航空母舰都在使用模块化组合方式建造。模块化设计和生产是未来发展的趋势，设计师需要通过研究挖掘传统文化概念，得到新的设计灵感。

图2-25 宋宣和牌

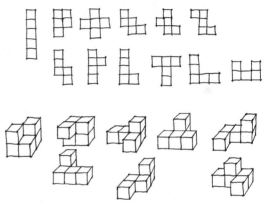

图2-26 平面和立体五连方组合

2.3.4 辅助线与网格

几何学中，辅助线是用来解答疑难问题的连线。在设计图法中，辅助线是在平面与立体图形间，并非表现实体造型的线和线的组合。辅助线区别于结构线和抽象表达内容，它是引导和约束形态绘制的参考线。辅助线包括透视、平行、放射、分割、断面等，大部分在任何情况下都可以长期或阶段性地存在，对于完成设计有重要的帮助。

网格也是辅助线的一种，它可以是矩形、菱形、六边形等阵列状态，可以提供给设计对象准确的空间位置和比例依据，进而产生独特的形式美感。在网格基础上作图受到一定的自由度约束，但依据比例规范和分割组合作图，增加了产生一些新设计思路的便利。

产品设计中，断面辅助线是表达形态截面的切线，但在具体形态表达中，表现出了超越字面含义的重要程度。如果说设计草图是"设计语言"，那么断面辅助线可以被形容成"语气"，有了语气的设计语言才能做到不是机器读书，进而展现神韵和魅力。有了它的存在，简单围合形体的线条表现出立体和动态关系，形态的凹凸、曲面、转折、衔接才能清晰可见。

任何辅助线，包括底图网格都应该有区别于结构线的表现手法。辅助线在用笔强弱、重复交叉方面都应降低力度，才能不会被视觉混淆，尤其是具象和抽象元素同时存在的综合表现。

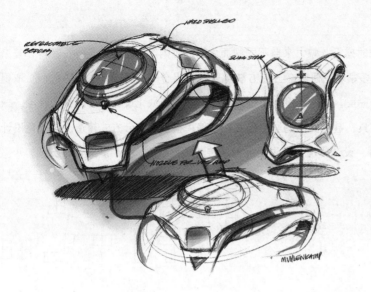

图 2-27　结构辅助线

图 2-28　设计网格

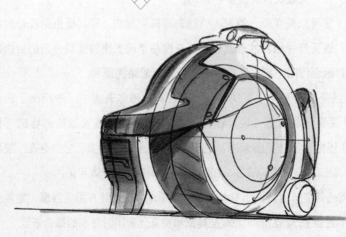

图 2-29　形态辅助线

第3章 形态

本章内容是研究在图解思考过程中,对形态和形式法则进行创造工作的内容。本书与经典形态研究著作相区别,强调长期地不间断训练、注重思维创新,按照创意草图的特点来设定体系和学习线索。本章内容对于形态的学习有些新的思考,尝试变化思路来诠释设计。

3.1 形态的研究

通过感官认知人们了解到世界是三维立体的世界。观察者可以通过移动视点观察并且触摸物体和对象,不同的角度认知的物体外形是不同的。如果只通过单一角度观察的形状去全面描述立体对象是不能完全确定,只能定义为"形态"。

形态分为自然形态和人工形态,我们写生所描绘的对象,需要使用不同的绘画手法和思维方式。例如,自然形态可表述为自然界持久形成的物质的形态,如山石、树木、云雨、湖海等。人工形态是指人类按照自己的意志建造物化的形态。建筑道路、图形文字、工业产品等都是人工形态。创意设计是创造人工形态,而产生新理念的设计是形态训练的目的。当然人工形态也可能在视觉上接近自然形态,例如造园和仿生设计,但它们在本质上是人工形态,是人通过设计构思所建立的。

进行有关基础形态的草图训练时,首先应该搞清楚形态的基本要素。形态的要素主要是:形、色彩、质感、空间。形态构成的专业书籍很多,本书结合图解思考体系训练,重点研究形和空间。而"形"分为点线面体四个层级,以及空间这个抽象概念形式。

现代艺术体系中"无点不成线,无线不成面,无面不成体"经典地概括了点、线、面、体相辅相成,缺一不可的关系。在几何学中空间x、y、z坐标系中,坐标点向x轴方向的运动形成线,而线向y轴方向运动而形成面,面在向z轴方向形成体。我们认识到,运用"点、线、面、体"的形态语言学会创造新的形态,利用点、线、面的粗细长短、交叉组合的变化来形成新的视觉感受。这些变化和思考,使用图形学上的知识,结合平面和立体构成的原理进行研究。

图 3-1
点线面形态

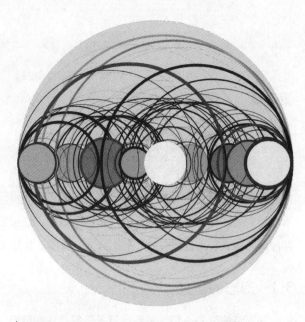

图 3-2
点线面组合

3.1.1 点

几何学定义的点对于真实空间没有实际意义，它存在于线段的两端、线的转折处、三角形的角端、圆锥形的顶角。几何学的点根本的意义是确定空间坐标。从设计学领域来讲，点是一种具有空间位置的视觉单位，对于形和面积而言，点没有单独的方向性和扩张性，具有一定的尺度约束。

点在视觉感受中具有凝聚视线的特性，点的造型导致我们的视觉集中，如服装上的扣子、脸上的痦子、建筑上的外装空调等对于整体效果有很大的影响。空间中2个点，可以形成一段无形的线，如果有三个点，可以围合成三角形，如果有无数个近似性质的点组合，就会在心理上形成面的感觉，就像鸟瞰的森林和星空。

造型学上，点的连续可以形成虚线，点的阵列可以形成虚面与虚体。当点与点之间的距离越小，就越接近线和面的特性。点构成的虚线、虚面、虚体，虽没有实线、实面、实体那样结实、厚重的感觉，但虚线、虚面、虚体所具有的时间性、韵律性、关联性也是实线、实面、实体所不具备的效果。

点的构成，可由于点的大小、明度和距离的不同而产生多样性的变化，并因此产生不同的视觉效果。同样大小、亮度及等距离排列的点，会给人秩序井然、规整划一的感觉，但相对来说显得单调、呆板。不同大小、不等距离排列的点，能产生三维空间的效果。不同亮度、重叠排列的点，会产生层次丰富，富有立体感的效果。

点是造型上最小的视觉单位，因为点具有凝聚性特征，成为关系到整体造型的重要因素，与形和空间具有重要的关联。

3.1.2 线

在几何学定义是"点移动的轨迹，只具有位置和长度，不具有宽度和厚度"。线在造型学上的特点是表达长度和轮廓，只要它的粗细限定在必要的范围之内，与周围其他视觉要素比较，能充分显示连续性质，并能表达长度和轮廓特性的，都可以称为线。线，因为其粗细、曲直、间隔、方向等的不同，会给我们带来不同的心理感受。粗线刚强有力，细线精致柔弱；直线流畅爽快，曲线圆滑而具艺术感；而多条线的交叉重叠构成也会给人提供丰富的想象力。

线是组成任何形态的基础，草图中的任何物体绘制都靠线来完成，这也是图解思考系统中最积极和最具活力的元素。

中国传统绘画艺术十分强调线的表现力和作用，几乎所有的绘画都是以线的描绘为主，是传统体系上传承下来的重要技法，以毛笔勾线为主。西方绘画速写是进行大型油画创作的构思草图，线条轻松，并有适量的色调和阴影。结合到设计方面，我们应该使用最适合表现对象特征的绘画方法，这也决定了设计线条的自由特征。

设计草图使用墨水笔能够清晰地表达，线条明确、锐利，适合表现体面转折和肯定的结构线。墨水笔不易修改擦掉，也间接促进提高了设计师绘画能力和周密思考能力。

3.1.3 面

几何学定义：面是线的移动轨迹，同时也是立体的界限和交叉。造型学上，只要其在厚度、高度和周围环境比较之下，显示不出强烈的实体感觉时，它就属于面的范畴。

面的构成也有多种。利用数学法则构成的形称为"几何形"，主要是欧氏几何，给人明确、理智和秩序的感觉，也有单调和机械感。随着数学和形态学的发展，分形几何大量出现于各个研究领域，它同样是通过数学计算产生的，但在形态和色彩上更接近于自然形态，有的排列组合还反映出事物发展规律和一些自然形态本质的规律。近些年，景观生态学、规划和建筑学的研究方面已经使用了分形几何的一些概念。除此以外，不规则形是大自然中与几何形相对比的更为复杂的形，轻快、多变化。几何形和非几何形是"面"的两种主要形态，它们各自还有丰富的分类与概念系统。总之，在设计领域，面的概念较为宽泛，有无闭合的边界与图形的复杂程度不是确定"面"的关键，而明显区别于实体的具有面积的区域都可以理解为面。

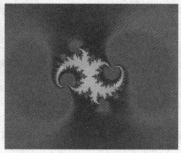

图3-3
分形设计图形

图3-4
分形设计图形

图3-5
分形设计图形

3.1.4 体

几何学上体被解释为面的垂直移动轨迹。造型学中，体是具有长宽高全部概念的三维实体。从任何角度观察都可以得到视觉存在。实际上，任何真实的形态都是一个"体"。

体在造型学上可分为：半立体、点立体、线立体、面立体和块立体等几个主要的类型。半立体是以平面为基础将部分空间立体化，例如浮雕；点立体是以点的形态产生的视觉凝聚形体，如灯泡、石子等；线立体是以线的形态产生空间长度的形体，如远距离的铁道、旗杆等；面立体是以平面形态在空间构成产生的形体，如屏风、穹顶等；块立体是在三维空间里构成完全封闭的立体。

半立体主要利用具有凹凸层次感的表面，产生各种变化光影的效果；点立体具有凝聚视觉的效果；线立体具有虚实结合、自由流动的效果；块立体则有实体的质量感。

在空间设计中，一般会完成多种不同的"体"来组合成造型，通过草图来表现这些实实在在的物体需要有全局的立体观念，习惯于用思维想象的方法来考虑一个对象的多个角度的形式。这样的过程需要画法几何与透视等专业技能的训练配合提高设计能力。

3.1.5 空间

空间作为一个设计概念提出来，和体的定义有些接近，但区别也是明显的。作为体而言，在视觉上独立存在，而且观察者从各个角度能够了解对象。空间则具有更加广义的性质，是虚拟存在或者在心里设定的。地上的一块地毯、雨伞和地面的围合、两堵墙之间都是空间。空间是由点、线、面、体占据或围合而成的三维虚体，具有形状、大小、材料等视觉要素，以及位置、方向、重心等关系要素。空间的视觉效果受限定空间的方式影响，如在建筑中，主要是由墙面、地面、屋顶所限制。

空间是人活动的场所，闭合与开敞的形式是人类生活的私密与公共性的社会需要。空间的闭合程度影响着人们的心理空间，全封闭的空间给人以明确的领地感、私密、安全，尤其是全封闭空间，给人隔离压抑的感觉尤为明显。部分开敞的空间更具方向性、更加抽象，并体现时间光影变化，与外界的联系互动多，减少了空间限定的压迫感。全开敞的空间更减少了限定空间的面之间的作用而与四周物体发生了明显的力的作用，形成了更为强烈的连续感和融合感。

深度是空间的本质，人在环境中随时都具有处于不同深度的空间感知。空间的深度感可表现为多种形式：透视现象表现出渐变的空间节奏关系，如路灯、电线杆等远近透视；层叠效果也是空间深度的一种表现，反映出前后、远近空间形体的位置关系，如山脉、建筑的层次感；材质肌理的远近尺度不同对深度感知也具有作用，如造园中经常在有限的空间里创造出层次丰富的意境，正是运用了草、石、砖、瓦等不同材质，以及使用人工与自然的手段建造出来。

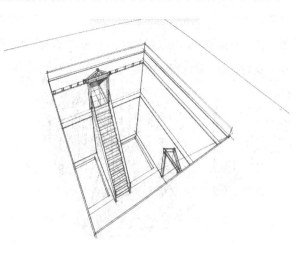

图 3-6
空间形态

图 3-7
室内空间透视图

3.2 使用视觉法则

有了以上这些形态概念，我们来研究一下设计中视觉法则的使用。无论是基本形本身或者组合都会使用视觉传递的信息，再用思维进行分析传递到人的表现系统，例如方案手绘表现。而之前进行思维运作所产生的信息，需要通过这种方式表现出来。心理学与艺术设计存在紧密关系，我们对事物的认知及视觉理解与人的心理更是有密切的交集。对设计心理学原则的了解有助于我们进行设计的整体把握。

人的一切活动都有赖于感官接受外部的信息，获得这些外部信息的是人的感官，而外部信息中的70％以上都来自视觉。设计中所处理的二次语言都是视觉形式的语言，处理的结果又以这种形式提供给设计下一个专业模块的设计师、建造师或委托人。设计所表达的信息基于形式，创造了直观的视觉符号。所以，视觉法则的研究和使用是必需的。

通过有关"形"和立方组合的相关知识，运用设计上的视觉法则来实现多方向的交流和沟通，促进思维锻炼进行设计表达是进行草图训练的目的与要求。这一部分的训练不同于设计素描的参照物训练，而是进行设计草图的创意思维训练。

设计起步／形式

使用形态的基本元素可以组合设计出任意的物体，而再多的要素组合也是可以解析的。设计过程中需要重点考虑多种形态之间的视觉关系，利用形式法则做到成熟的作品。

设计形式法则经典内容主要有：和谐、对称、均衡、韵律、秩序、材质、肌理、比例、结构、层次、渐变等。立体的形式美法则还有：对称与均衡、对比与调和、节奏与韵律、比例与尺度。这些内容都是重要的概念，而在设计训练中灵活掌握、结合理解的内容更多，同时还要接近实际。把概念变成更容易理解的内容需要大量的创意草图训练。在这样需要大量的创意训练的内容，比较适合的方法就是草图快速表现，通过类似速写的线条和马克笔的快速色彩表现能够极有效率地完成概念创意的展现，而达到理解概念知识和锻炼设计思维的目的。传统上用严谨的图案方法绘制作业费时费力，浪费了瞬间创意和灵感的涌现。而计算机软件在快速表现方面仍然不能达到满意的效果，草图大师Sketchup已经接近于我们的目标，但仍然对于自由形态和抽象的形体缺少办法。概念创意—草图—反馈思维—修改草图的循环过程是高效率的，并具有节奏感。基本原理的融会贯通为进一步解决复杂问题铺垫好平台。

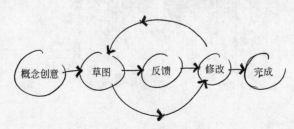

1. 对称与均衡

对称(Symmetry)一般是指图形和物体被点、线或平面区分为完全一样的部分，其中一半物体为另一半的镜像。在三维的空间中，因基准不同，分为点对称(包括放射对称)、线对称与面对称三种。如果是两维平面的话，只有点对称与线对称。主要有镜像对称、旋转对称、放射对称等。对称是取得平衡最简便的手法，最能取得稳定与统一的美感。但也往往令人感到死板与保守，缺乏生机。对称在设计上应用广泛，但更多的成功案例是均衡不完全对称的设计。

均衡，常规也可以称为平衡(Balance)，持续保持稳定状态。不同密度的金属块和木头要在天秤上平衡就需要展现体积上巨大的差距。这种物理学的认识，视觉对象因形状、大小、色彩与材质感等因素的综合形成了心理上的重量感。造型上的平衡与否，就是指这种心理上的重量感是否取得了平衡。一般平衡的造型是稳定的，带有类似于统一的效果，反之，不平衡的造型是不稳定的，带有类似于多样的效果。平衡与不平衡应遵循统一与变化的法则，在两者之间取得一个合适的平衡点。平衡法则使作品形式在稳定中富于变化，显得生动。

视觉设计上的均衡，是对称形式的发展，是一种不对称形式的心理平衡形式。均衡的形式法则是以等形不等量、等量不等形和不等量不等形三种形式存在。利用均衡形式造型，在视觉上使人感到一种有秩序的动态美，比对称形式更加生动而富于变化，具动中有静、静中有动、生动感人的艺术效果，是设计中广泛采用的形式。从外观形式上看，均衡是对于对称的破坏，但是，均衡形式分割处的两边的体量感是对等的，是保持静态平衡的。对称和均衡的美感来源和生命的对称性有关，也是体现我们本质审美的一种表现，也是在认可标准上最没有争议的美学法则。对称与均衡的视觉法则几乎应用于所有的领域，并展示特有的美感。

图3-8　六面均衡图案

图3-9　五面均衡图案

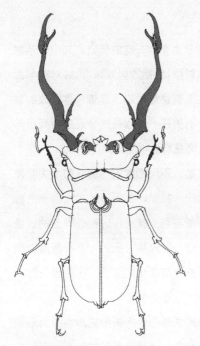
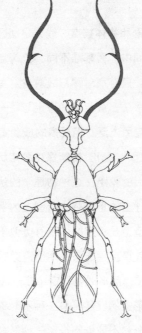

图 3-10
对称昆虫图

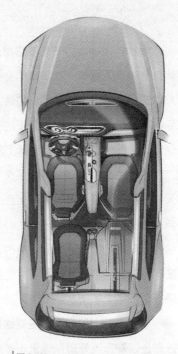

图 3-11
左右均衡跑车效果图

2. 调和与对比

调和（Harmony）是源于音乐的术语，原来是指若干个不同音高的音，在同时奏鸣时所产生的带特征性的谐和感。在造型设计中借用调和这一术语，来指由各个造型要素构成的对象在视觉整体效果上取得的良好配合与和谐感。在设计中，调和的造型给人以统一感、秩序感。但过分强调调和的作用，往往会使设计陷于单调。所以在设计中就会追求它的反面。

对比（Contrast）就是对于调和的否定。所谓对比，就是把性质相反的构件要素如大小、强弱、明暗、轻重等紧密地排列，在视觉感受上会相互加强对方的特性，这就是对比的规律。对比和调和是设计中常用的手法，对于形成个性空间气氛有着至关重要的作用。如果在设计过程中过分地利用各种不同性格要素为对比，就会令人感到刺目，彻底丧失作为

图 3-12
对比分形图

整体的秩序感。所以调和与对比要素就是作品共性的加强及差异性的减弱，以求获得形式感的统一。对比与调和是相辅相成、不可分割的。

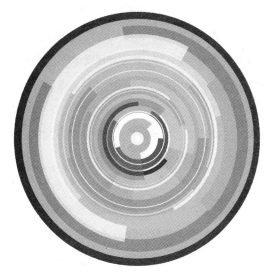

图3-13
调和图形

图3-14
调和与对比

3. 节奏与韵律

节奏(Rhythm)原是一个音乐的术语。主要是指音的强弱构成某种周期性重复。自然界或人文艺术界因变化而丰富进化，在包括高度、宽度、深度、时间等多维空间内的有规律或无规律的阶段性变化简称节奏。

如果将节奏的概念引入视觉的话，它的对比因素除了色彩的强与弱之外，还有大与小、明与暗、轻与重以及疏松与致密等。如果将这类要素沿空间不断重复出现按某种规律变化时，就会形成在视觉上的节奏感，这种律动就是造型艺术中的节奏。在设计中也与造型艺术一样，利用不同的节奏的变化还可以表现出不同的设计概念。如果节奏变化失去限制或失去规律，就会变得杂乱无章。节奏表现的形态具有一定的跳跃感，同时阶段性、循环性较强。

韵律也可以使用(Rhythm)这个单词。单独把韵律提出来说明是因为在东方的普遍意识中，韵律比较适合形容诗词中的平仄，而且设计艺术中，节奏与韵律几乎是描述两个不同的概念。韵律被使用形容像儒家文化一样的优雅状态，而节奏似乎更单纯一些表述物体表面的状态。

建筑的韵律：建筑设计中有比较典型的韵律体现。建筑美需要体现出立体形式感所构成的三维空间中，展示出各具灵魂的建筑形体。建筑形态上的点、线、面，营造出不同建筑形象的比例尺度、错落有致、和谐统一，雄伟规整的故宫、优美秀丽的江南园林分别显示出不同形态的韵律魅力。建筑的韵律美表现在重复上：可以是间距不同、形状相同的重复；也可以是形状不同、间距相同的重复；还可能是别的方式的单元重复。这种重复的首要条件是单元的相似性，或间距的规律性；其次是节奏的合逻辑性。在建筑艺术中，群体的高低错落、疏密聚散，建筑个体中的整体风格和具体建构，都有其"凝固的音乐"般独具特色的节奏韵律。中国万里长城逶迤蜿蜒的律动，烽火台遥相呼应的节奏，表现出矫健、刚毅的韵律美。天坛从地面层层叠叠、盘旋向上的节奏，欧洲的哥特建筑众多的高塔尖顶具有的宗教理性韵律感。在设计展现这些不同性质的韵律和节奏时，有很多种表现手法可以使用，但最初的设计可能更多的来源于开始的韵律灵感。

4. 图底转换

图(Figure)和底(Ground)也可以称为形象与背景。比较受关注的部分所构成的形状可以称为图或形象，而那些在视知觉中被忽略和起衬托作用的部分，称为地或背景。

图底转换是表现双关的图形，因为观察方式的不同而将图和底关系互换，分别将图理解为底，亦或相反。在知觉上这两种观察方式不会同时发生，在任何一个瞬间只能观察到图形中的一种含义。在某一瞬间由于某种因素使原先被视为背景的部分突然浮现成形象的话，与此同时，原先被视为形象的部分必然失去了原有的含义而融化到无意义的背景之中。这就是图与地的逆转。双关图形在设计中有广泛的应用，随着视线的扫动，不同的内容被跳跃的关注。

图底转换可能是比较简单的图形，也可能是较为复杂的图形组合。正负形也可以在三维空间建立造型，利用造型和背景互相转换，产生特点鲜明的设计。

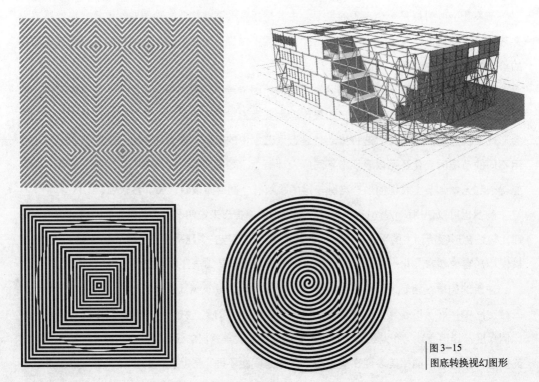

图3-15
图底转换视幻图形

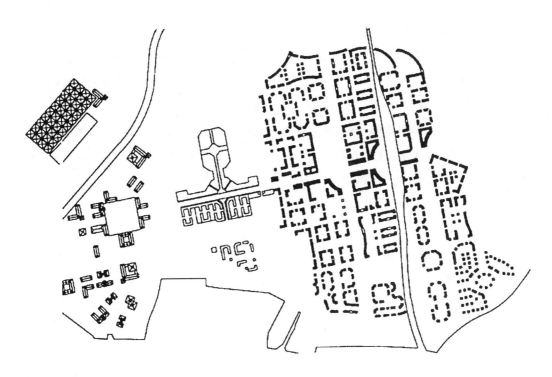

图 3-16
使用图底方式进行规划设计分析

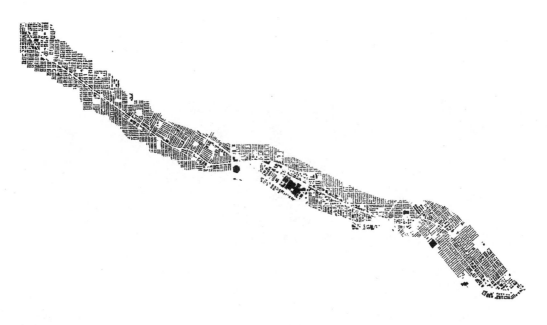

图 3-17
使用图底方式进行规划设计分析

5. 骨骼与连续图形

骨骼，来自于生物学的词汇，在设计领域表示一种内部的核心结构和组织体系，也代表一种抽象的秩序。骨骼是把构成图形的各个较小的单元分为形态各异的单元，设定相对具象的位置，控制基本形的彼此关系，形成各种复杂度的对象的设计方法的构件。

形态骨骼分为规律性骨骼、非规律性骨骼、作用性骨骼、非作用性骨骼、可见性骨骼和不可见性骨骼。因为骨骼的存在，图形组合的各个单元可以调整间距、方向、比例和形状，以及更多的骨骼图形组合成为调整设计和增加形态丰富度的重要方法。

形态骨骼分为：各个单元视觉重心的节点关系；节点之间连接的骨骼关系两大部分要素。

图案纹样中重要的连续图形概念，在设计中应用广泛，其中最典型的是二方连续和四方连续。由于具有重复、条理、节奏等形式，应用广泛。以一个或几个单位纹样组成一个单位，向一个方向延续的是二方连续，向四周延续的是四方连续，四方连续可以是方形、菱形或者梯形排列。连续图形具有典型的骨骼排列特点，有散点、几何、方形重复、颠倒等形式。可以形成对称、旋转、图底转换、切割拼图等多种视觉效果。

骨骼和连续图形是完全不同的概念，也几乎在不同领域使用，但他们有那么多的共性，并且对于设计初学者来说也相当的容易混淆。连续图形，主要是二方连续和四方连续，专门应用于平面或装饰性设计中，在三维空间领域很少有所表现，同时更直观且具形式感。骨骼作为抽象的结构组织方法应用于几乎所有的设计中，尤其在空间领域各个专业设计中，骨骼概念几乎是设计概念确立开始的最重要内容。在学习设计过程中，区别这些概念是重要的，但更重要的是实践应用，通过基础概念完成复杂的设计并具有抽象的秩序性。

图3—18
二方连续(水平骨骼)图形

6. 比例与尺度

比例是指几何尺寸上的分割关系。合适的比例是在物与物的关系中求得统一与平衡的非

图3-19
连续图形的形态演变
图3-20
单一形式图形的多方向组合扩展形态

常有效的手段。古希腊是一个崇尚理性主义,即崇尚均衡、稳定就是至美的时代,当时就推崇一种被称为黄金分割的比例关系,被广泛地运用在当时的建筑艺术中。比例的作用在与建筑紧密相关的环境艺术设计中十分严格。在环境艺术设计中为了建立秩序,往往在设计中确定一些与人密切相关的固定的比例标准,这些标准就是模数。电器产品与大型家具放置于室内空间中,与建筑构成统一的整体,类似于模数这种设计的概念也为工业设计领域所应用。比例的定义在制图学中,是一般规定术语,是指图中图形与其实物相应要素的线性尺寸之比。

尺度:比较与度量设计对象的整体与局部、空间与人体、外部空间与内部空间以及不同维度尺寸的关系,都称为尺度。

比例和尺度的关系是密切的,设计作品中美感的体现,是建立在准确的形态比例关系和形体体量准确定位的基础上的。这些尺度和比例的形式美感和心理感受来源于设计心理学、景观生态学、人机工程学的内容,简单地说就是以人为最核心参照物来判断的。缩小十倍的故宫或者天坛立刻失去神圣感和震撼力,计算机显示器太大就没办法坐得很近,服装设计的生动微妙处就在毫厘。比例和尺度概念是进行专业设计的最基本知识,也是最重要的概念。我们常常会感觉在收到一份设计任务时无从下手,也没有在头脑中形成虚拟的形态，这样在设计时就很难把握准确的项目要求并完成工作。如果使用尺度和比例转换的概念来定位设计，并且通过推演草图来完成它，相对来讲会离目标比较近，也容易把握最终效果。

(1) 观察的层级和视角决定尺度比例

从极大尺度银河系到微观的细胞我们可以看到各种不同观察尺度下的形态，这也是尺度概念重要性的夸张体现。可以想象到尺度概念的重要程度。任何针对现实的设计都需要在准确的比例尺度基础上进行，只有这样才能准确地表现设计对象的视觉心理感受，完成合理规范的作品。

无论多大或多小的空间，尺度的设计对象对于人的使用都要考虑人机工程学有关人体的数据。规划和景观设计还要考虑植物尺度与生态学的专业规范。

(2) 四级尺度概念

结合长度单位可在四个层面进行设计，基本可分为一级规划尺度、二级建筑尺度、三级限定空间尺度、四级产品尺度，利于对比和研究（实际上对应几个设计专业——规划、建筑、室内、家具等，这也是建立在米、分米、厘米、毫米的尺度级别的设计）。

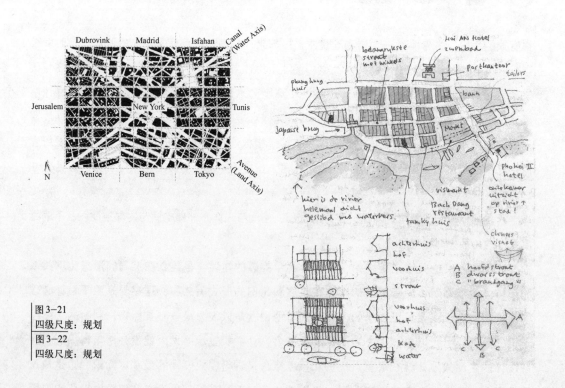

图 3-21
四级尺度：规划
图 3-22
四级尺度：规划

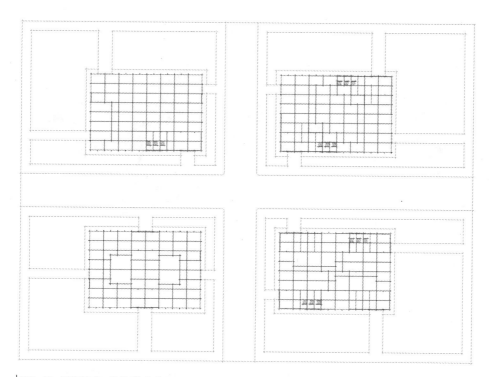

图 3-23　四级尺度：建筑群平面

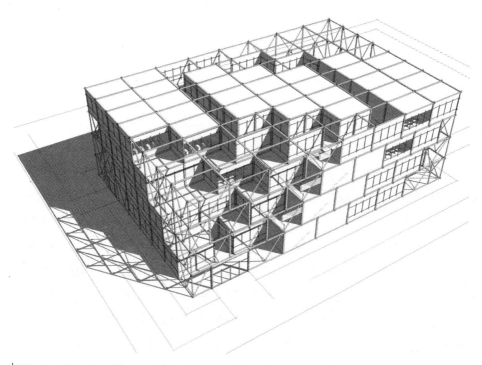

图 3-24　四级尺度：建筑

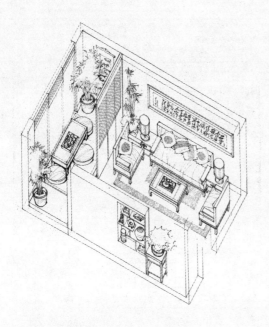

图 3-25
四级尺度：室内设计

图 3-26
四级尺度：家具设计

(3) 制图与比例尺

本书不专题学习制图与工程学，相关专业知识请详细查看相关专著。但我们在草图形态训练中，应该有比较精确的比例概念，否则设计只能是不合理和无意义的。在使用其他形态方法完成草图设计时，加入准确的制图学和比例尺概念来完成尺度近似准确的设计方案是重要的专业门槛。

相关知识点

(1) 在景观生态学中的尺度概念

景观、景观单元的属性（大小、形状、功能等）及其变化是客体，人是主体，景观的内在属性决定了它的时空范围，即尺度范围。这里提尺度范围是有意与尺度区别，对景观或景观生态系统的研究不是确定的尺度，而是有一个允许的变动范围，即通常所说的中尺度。在景观生态学的研究中，尺度概念有两方面的含义：一是粒度（Grain size）或空间分辨率（Spatial resolution），表示测量的最小单位；二是范围（Extent），表示研究区域的大小（O´Neill,1986）。有必要补充的是尺度并不单纯是一个空间概念，还是一个时间概念，景观生态学的中尺度范围在空间上通常只几平方公里到几百平方公里，时间上目前还没有比较统一的意见，一般为几年到几百年范围。景观生态学的任何研究可以说都离不开尺度相关，尺度暗示着对事物细节的了解程度，通常在一定尺度下空间变异的噪音（Noise）成分，可在另一个较小尺度下表现为结构性成分（Burrough,1983），在应用遥感数据研究景观生态问题时这个问题表现得十分明显。

(2) 比例重要概念——黄金分割 [Golden Section]

认知度非常高的概念,广泛应用于生活。关于黄金分割的绘制方法和使用,我们做一分析。把一条线段分割为两部分,使其中一部分与全长之比等于另一部分与这部分之比。其比值是一个无理数,取其前三位数字的近似值是0.618。由于按此比例设计的造型十分美丽,因此称为黄金分割,也称为黄金比。这个数值的作用不仅仅体现在诸如绘画、雕塑、音乐、建筑等艺术领域,而且在空间造型、工程设计等方面具有重要的作用。

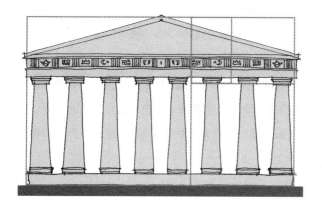

图3-27
黄金比例与建筑

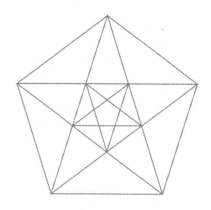

图3-28
黄金比例与五角星

一个典型的形态应用的例子是五角星和五边形。五角星中可以找到的所有线段之间的长度关系都是符合黄金分割比的。正五边形对角线连满后出现的所有三角形,都是黄金分割三角形。用一个点把一个线段为两部分,使中间点线段的长跟较长的那部分的比为黄金分割的点。线段上有两个这样的点。利用线段上的两黄金分割点,可作出正五角星,正五边形。

黄金矩形(Golden Rectangle)的长宽之比为黄金分割率。矩形的长边为短边1.618倍,黄金分割率和黄金矩形能够给画面带来美感。在很多艺术品以及大自然中都能找到它,希腊雅典的帕特农神庙就是一个黄金矩形。

根据黄金分割的数值,在空间设计中使用这种接近完美的标准,可以帮助我们分析复杂或缺乏美观的对象,来完成设计工作。

(3) 发现历史

公元前6世纪古希腊的毕达哥拉斯学派研究过正五边形和正十边形的作图,因此现代数学家们推断当时毕达哥拉斯学派已经触及甚至掌握了黄金分割。公元前4世纪,古希腊数学家欧多克索斯第一个系统研究了这一问题,并建立起比例理论。公元前300年前后欧基米德撰写

《几何原本》时吸收了欧多克索斯的研究成果，进一步系统论述了黄金分割，成为最早的有关黄金分割的论著。中世纪后，黄金分割被披上神秘的外衣，意大利数家帕乔利称中末比为神圣比例，并专门为此著书立说。德国天文学家开普勒称黄金分割为神圣分割。到19世纪黄金分割这一名称才逐渐通行。黄金分割奇妙之处，在于其比例与其倒数是一样的。1.618的倒数是0.618，而1.618∶1与1∶0.618是一样的。

(4) 生活应用

有趣的是，这个数字在自然界和人们生活中到处可见：人们的肚脐是人体总长的黄金分割点，人的膝盖是肚脐到脚跟的黄金分割点。大多数门窗的宽长之比也是0.618；有些植茎上，两张相邻叶柄的夹角是137°28′，这恰好是把圆周分成1∶0.618的两条半径的夹角。据研究发现，这种角度对植物通风和采光效果最佳。

建筑师们对黄金比例特别偏爱，无论是古埃及的金字塔，还是巴黎的圣母院，或者是近世纪的法国埃菲尔铁塔，都与0.618有关。人们还发现，一些名画、雕塑、摄影作品的主题，大多在画面的黄金分割处。艺术家们认为弦乐器的琴马放在琴弦的0.618处，能使琴声更加柔和甜美。

最完美的人体：肚脐到脚底的距离/头顶到脚底的距离=0.618

最漂亮的脸庞：眉毛到脖子的距离/头顶到脖子的距离=0.618

第4章 设计表现

4.1 传统设计图学

"设计图学"针对产品设计、环境设计、视觉传达三个专业相互交叉的特点,融合机械制图、建筑制图、图形设计、速写表现等内容,加强立体概念,形成综合设计观念。设计表现和创意思维紧密相连,手工时代完成一件作品需要经过反复的尝试与验证。现代产品的生产之前需要完善的图纸和详细的准备工作,并从多个视觉方向完成设计。创意草图固然是从构思到完成表现的阶段,也是保证设计连贯性的技法,这就需要对设计对象进行宏观到细节的深入思考。成熟的绘图技能对于设计草图技能增加表现力和准确度有至关重要的作用。传统设计图学也是长久以来发展成为体系,经过长期验证科学的专业知识。有了这些技能的护航,我们的草图创意更具实践意义,更能够与最终目标接近。

速写技能的掌握是各专业设计的基础,但速写的技能更多的是建立在写生的平台上的。即使有非常高的表现能力,也不能完全代替人们身临其境的感受。掌握更多的还原真实的技能,帮助实现思维的延展,能够保证设计方案实施完成。

4.1.1 画法几何与制图

画法几何(Descriptive geometry),研究在平面上用图形表示形体和解决空间几何问题的理论和方法的学科。画法几何的基础是投影法,源于光线照射空间形体后在平面上留下阴影这一物理现象。形成投影的要素有投影线、物体和投影面。投影方法分为中心投影法(所有投影线均经过某一投影中心点)和平行投影法(所有投影线均互相平行)。采用中心投影法可以画出透视图,采用平行投影法可以画出轴测图,这两种图的立体感都较好。平行投影法根据投影线是否垂直于投影面又可分为正投影法和斜投影法。其中用正投影法将空间形体投影到水平投影面上并在相应点、线的投影旁加注其到投影面高度数值的图称为标高投影图。由于空间形体具有长、宽、高三个方向的形状大小,而其投影只反映了两个方向的形状大小,为全面和确切地描述空间形体,须采用空间形体的几个正投影联合表达其形状和位置的多面正投影图。画法几何训练需要具有空间想象力，并且能够快速敏锐地根据几个投影画出准确的形态。

制图是指把实物或想象物体的形状，按一定比例和规则在图纸上描绘出来。用于机械、工程等的设计工作。制图广泛应用于产品、建筑等专业，是必须掌握的技能。工程制图受画法几何这一生成规律的制约，同时还需符合不同领域的规范标准。

掌握画法几何，需要具有观察想象立体形态的能力，分析组成立体的视觉规律，排除视错觉和固化思维的干扰。通过块体形态草图训练，大量的练习和分解组合排列是很好的方法。

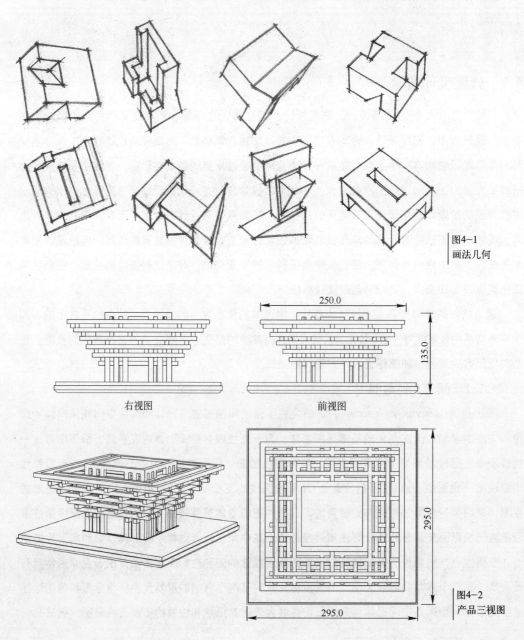

图4-1
画法几何

图4-2
产品三视图

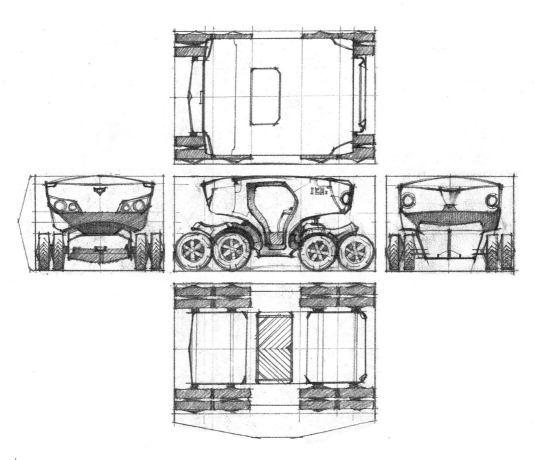

图4-3
多视图

4.1.2 标准透视图法

透视图法主要包括平行透视、成角透视、斜角透视。透视图与平面图一样，在专业领域有着重要的位置，是本专业发展必须掌握的技能。图解思考需要使用快速透视图法来绘画，也需要丰富的绘图经验来进行快速设计表现。

1. 平行透视 (Parallel Perspective)

平行透视又称单点透视，是最简单的透视图法。由于在透视的结构中，只有一个灭点，因此得名。平行透视是一种表达三维空间的方法。当观者直接面对景物，可将眼前所见的景物，表达在画面之上。通过画面上线条的特别安排，来组成人与物、物与物的空间关系，令其具有视觉上立体及距离的表象。平行透视的关键是深度的测点，视点距离决定了透视的深度。创意快速表现经常会使用平行透视来表现比较宏观的物体、场景，室内设计专业使用较多。

图4-4
平行透视草图

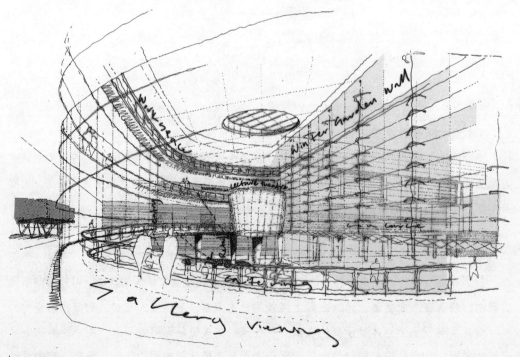

图4-5
平行透视草图

图4-6
平行透视图

2. 成角透视(Angular Perspective)

成角透视又称为两点透视。目标对象在空间上具有一定的摆放角度,两个灭点,而不是从平行正面来观察目标物。因此观者看到各景物不同空间上的面块,也看到各面块边线的延长线消失在视平线两侧消失的两个灭点上。成角透视的优点是画面丰富、立体感强,比较适合在产品设计、家具设计及建筑设计时使用。

图4-7
成角透视

图4-8
成角透视

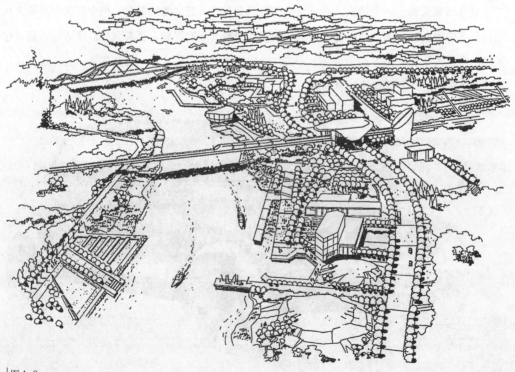

图4-9
鸟瞰图

图4-10
成角透视幻想
飞行器渲染图

3. 斜透视 (Oblique Perspective)

斜透视是在画面中有三个灭点的透视。这种透视的形成，是因为景物没有与画面平行的面和边，相对于画面，景物是倾斜的。当物体与视线形成角度时，倾斜的面会倾斜的延伸到第三个灭点上。此第三个灭点可作的为高度空间的透视表达，它处于水平线之上或下。灭点的位置根据倾斜物体摆放角度有关，能够很清晰地显示不同形态的复杂造型。

普通平行透视适合表现整体的室内空间，但是相对较为死板，为了取得更接近真实的效果，产生了一点斜透视。标准的一点斜透视原理类似成角透视，但测点复杂。快速表现一点斜透视能够较为准确的完成设计需求，广泛应用于酒吧、餐厅、商店等较为跃动的空间方案中。

图4-11
一点斜透视图

4.1.3 快速透视图法

1. 对角线法

无论哪一种透视，当得到一个面的外轮廓线后，均可以使用对角线法进行准确的透视分割。对角线法简单快速，可以向内部或外围准确地延伸透视。对角线法对于均分的矩阵块面具有很高的效率，而且定位准确，用于设计建筑、楼梯、街区、造型等。如果用好对角线法，可以很方便地画出四轮汽车或复杂的组合体。

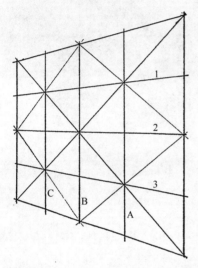

图4-12
快速透视图法1

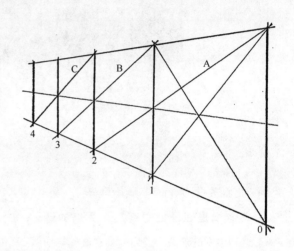

图4-13
快速透视图法2

2. 圆形画法

透视中较难表现的是各种圆形的透视，复杂和简单的方法均需要估计和曲线连接。因此掌握各种圆形的快速画法，不可能达到100%准确的效果，而敏锐的观察力和立体感显得尤为重要，在产品设计的圆形、椭圆形、透视组合中，共轴圆形是最主要的难题。

4.2 剖面结构

4.2.1 制图／剖面图

将物体以一个或几个方向切开，所得的投影图，称为剖面图。剖面图用来表示物体内部的结构或构造形式、组织和关联、材料及尺度等，是与平、立面图相互配合不可缺少的重要图样之一。

产品设计剖面图一般根据展示内部内容的需要进行切割，展现出的内部结构图将材料、部件和运作模式表现出来，达到讲解和说明的作用。在这一方面，造型设计与专业技术的密切关系得到清晰的体现。建筑空间剖面图一般平行于侧立面，必要时也可纵向，即平行于建筑平面。其位置应选择在能反映出建筑内部构造比较复杂与典型的部位，尽可能通过门窗洞和特殊结构的位置。

规范剖面制图需要标注剖切符号，剖面图与原始图纸必须对应符合。

4.2.2 创意剖面分析图

创意剖面图一般用来进行讲解和分析，剖切的形状和方式相对来说较为自由，其目的是将设计对象内部充分展示。绘制创意剖面图需要丰富的经验和广阔的知识面以及高水准的绘画能力。由于讲解分析功能的需要，很多创意性质的剖面图都能体现人文活动和物体动态转换的画面效果，看上去具有插图绘画的感觉。

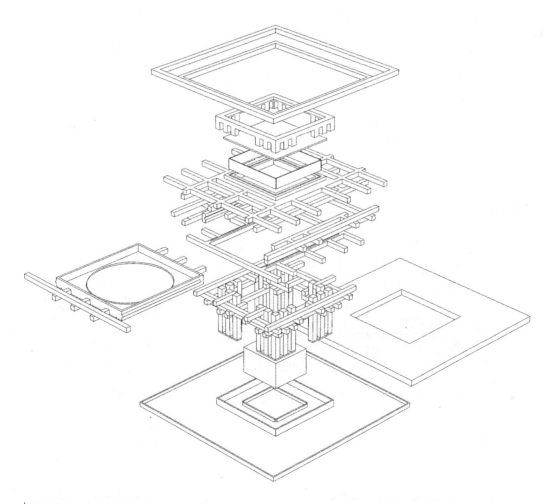

图4-14
产品爆炸图

图 4-15
礼品效果图

1. 历史文化剖面

古代城堡、战舰、宫殿,通过不规则的剖面图展示内部,可以清楚地了解他们是怎么运作的,了解人在这些空间内部里的生活。加上图表和文字说明,以及生动的绘画还原,是我们分析研究这些经典设计的最理想的媒介。

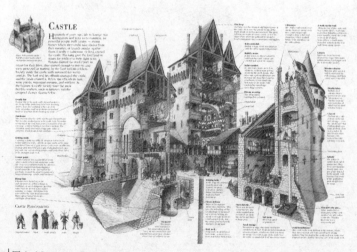

图 4-16
中世纪城堡剖析图

图 4-17
投石机结构图

2. 科学幻想剖面

即便对于未来的技术不能完全预知,也不可能真正做到极为精准的科技系统设想。但在现有知识水平层面上,可以设想基本成体系的机械和空间造型。在科学幻想的幻想概念设计中,很多优秀的机械造型和人物形象不仅具有外表形式感,甚至内部的机械结构、造型等都十分的精致合理。很多科幻电影中建筑、飞行器、武器等的造型和内部构造,对于现代设计都起到了巨大的推动作用。儒勒·凡尔纳的小说、达芬奇的军事与飞行器草图在他们所处的时代属于奇思妙想,但陆续实现和验证的内容也确实令后人惊讶。设计学习等于挖掘我们想象的能力。

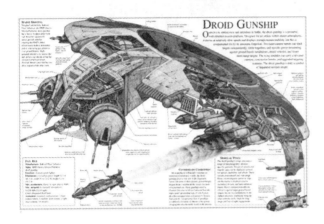

图 4-18
星球大战飞行器剖析图

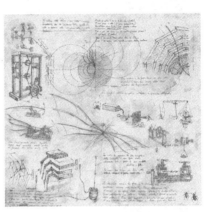

图 4-19
达芬奇设计草图

图 4-20
达芬奇

图 4-21
星球大战驼形战车剖析图

3. 现代设计剖面

现代工业技术发展,建筑、交通工具、产品技术发展很快,许多空间通过剖面图的分割展示,可以很清楚地看到流线体系和结构特点。尤其是交通枢纽,火车站、地铁、机场等非常需要通过自由剖面的形式展示内部，加上标注和分析图例。一个完整的设计项目往往是十分复杂和严密的体系。

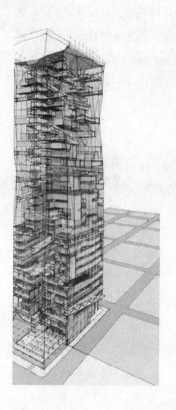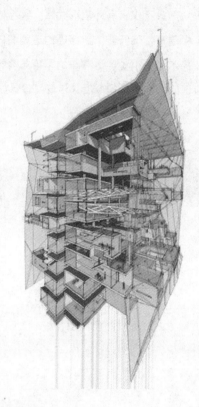

图 4-22
建筑剖面图

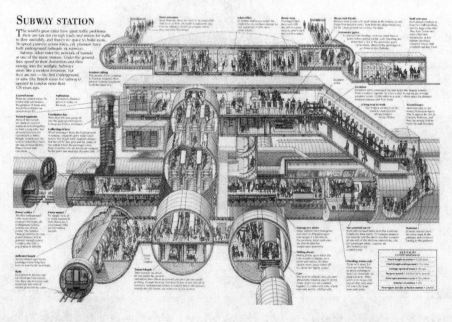

图 4-23
地铁剖面图

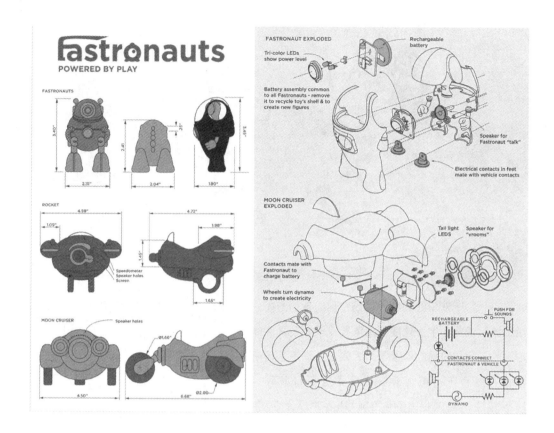

图 4-24
产品剖析图

4.3 技法训练

技能的重复练习

由于绘图笔墨水不易修改,画出的造型线条就需要稳健和准确。出现失误和转换想法时,就必须更换纸张重新绘制一幅,这样的反复练习可以快速地提高技法,简单而有效。每个人都有自己的行为习惯,每个设计师有自己特有的绘图表现方式,比如左右手、习惯曲线、选择工具的差异等。在训练中可以利用这些特点来完成个性设计过程,发挥个人的艺术魅力。

不断的绘图训练能够提高设计表现技法水准,当然在反复训练的时候应该不断地尝试新的画法和组合,过程中可能得到意想不到的突破。

1. 比例训练

空间设计中比例尺度是重要的概念,而快速表现准确的形态难度较大,这需要敏锐的比例感。在起步训练中大量快速连续画2:1,3:1和3:2的矩形,熟练之后进一步增加透视和立体结构。

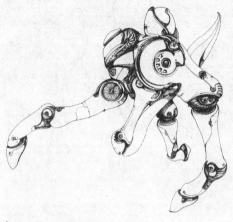

图4-25 钢笔草图

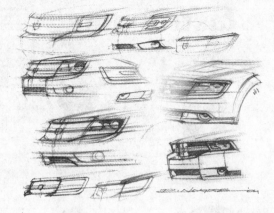

图4-26 钢笔线描

2. 文字图形化拆解

(1) 文字双勾线训练，控制笔画线条的走向，最后描绘完成空心字。这项训练需要对于中英文字体字形深入了解和较强的勾线能力。双勾线训练是传统的技法，融合了均衡、节奏等视觉法则和书写、速写等技法，能够提高手脑控制力和图形设计能力。

(2) 使用细分格（米字格、特殊网格）作为文字骨骼的依托，将汉字笔画和拉丁字母的外形严格根据这些网格结构线进行字体设计。将传统上的横竖撇捺点勾等归纳成符合网格形态的字体。字体训练可以锻炼细分归纳能力和系统组织能力，单字设计较为简单，大量文字汇集较难协调。这里出现的文字规范化设计思考也是进行综合设计的关键所在，也是学习章法、规范的训练。

图4-27 网格字体训练

3. 螺旋线

随手勾线的图对于设计尤为重要，自由流畅的曲线、螺旋线需要大量的练习，这里的重点是保持均匀复杂的线条和头尾一贯。断笔连接的完整画面并不符合设计要求。

螺旋线是一种富含诗意的曲线，源于希腊文"旋卷"、"缠卷"的含义。螺旋是很常见的形式，蜘蛛网就是令人印象深刻的螺旋结构。螺旋状排列的植物叶子能充分获得阳光，得到良好的通风。此外，向日葵籽的排列也是螺旋式的。人的头发是从头皮毛囊中斜着生长出来的，它循着一定的方向形成旋涡状，这就是发旋，且有右旋和左旋之别。头发的保护身体的作用虽然已退化到微不足道的地步，但其螺旋形式却保留了下来。蚂蚁和蝙蝠的行动路线，就是螺旋形的。海上搜索，经常也要按着螺旋线路径追逐。星体的运行轨迹有的也是螺旋线。

螺旋线被广泛应用于现代工业设计中，如机械工艺的螺杆、螺帽、螺钉和生活中常见的螺丝、弹簧等。枪械中的膛线也是螺旋线。一些楼梯设计也是螺旋状的，有四段旋转和圆形旋转的形式，比萨斜塔的楼梯，便是294阶的螺旋形。

图4-28　各种螺旋线形

图4-29　双螺旋楼梯

相关知识点

双螺旋与奔驰博物馆

由螺旋线发展的图形很多，其中最著名的就是DNA双螺旋结构图形。双螺旋形是不常见的一种形状，由两条螺旋曲线相互缠绕而成，具有非常神秘的美感。德国著名的梅赛德斯－奔驰博物馆,2000年落成的这个双螺旋结构方案由荷兰著名设计师班·范·伯克(Ben van Berkel) 和卡洛琳·巴丝(Caroline Bos)联合设计完成。建筑特色包括33m宽的无柱空间以及"双螺旋流线空间结构",以及外窗使用了各不相同的1800块三角形窗格玻璃。奔驰汽车博物馆表现出奔驰公司的综合价值:技术先进、智能化、时尚化。观众一旦进到室内,立刻会感受到一种既兴奋又舒适的感觉。

奔驰博物馆建筑空间奇妙的双螺旋结构——"双生动线设计"为其带来了非常独特的理念,那就是"两条动线"的导览设计。沿着第一条参观路线,有七个"传奇区域"按年代顺序讲述品牌故事。在第二条参观路线中,大量的经典车在五个"收藏区域"中展示了奔驰品牌产品的多样性。虽然两条流线十分精彩,连贯性很强。但参观者还是可以随时在两条参观路线之间转换。同时,展厅双螺旋空间结构还建立了平缓的坡道,天然的无障碍设计。

奔驰博物馆的建筑空间结构和导览流线、展陈内容紧密地结合成一个整体。博物馆就像一个巨大的时空隧道,其独特的设计将科技智慧、冒险创新的精神与空间魅力、人文关怀都融为一体。参观者可以自由感知、幻想、观赏与散布,可以跟着奔驰的历史、文化思路参观,也可以根据自己的喜好跳跃的浏览。馆内灯光布局和指示系统可以清晰的引导观众重回主流线。奔驰博物馆真正地做到了空间内外的统一,功能与结构的统一。

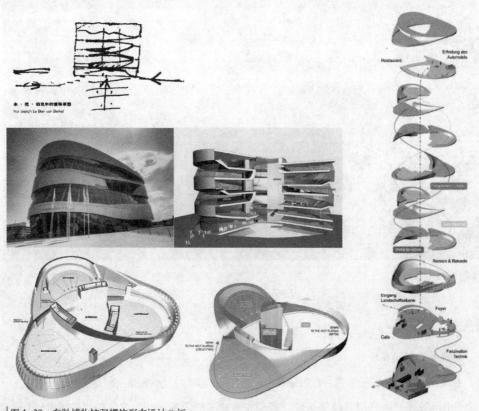

图4-30 奔驰博物馆双螺旋形态设计分析

4. 色调与质感

自然界中形态多样,设计师和设计专业对于形态的理解表达具有差异性。传统速写绘画中为了表现材质和阴影,有很多丰富的办法,交叉线均匀阴影和不规则的质感表现完全可以用于创意设计表达中来。通过线的组织和划、拉、擦、勾的方法加强形态扭动转折。强烈突出的色调和质感表现一般借助于马克笔、色粉和彩铅等工具进行综合体现,尤其表现是金属表面反射和曲线光影过渡等。

图4-31 飞行器钛金属质感

图4-32 摩托车效果图

图 4-33
汽车效果图

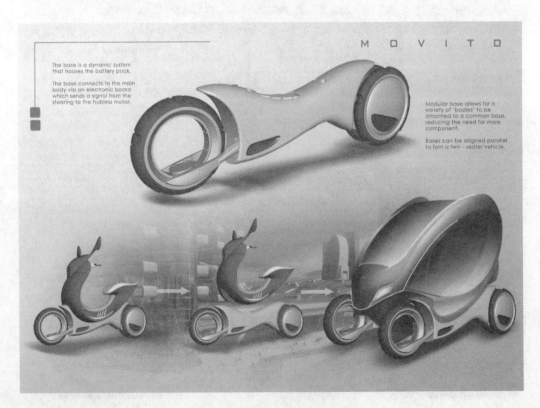

图 4-34
多功能构件组合交通工具效果图

图4-35 汽车草图

图4-36
汽车草图

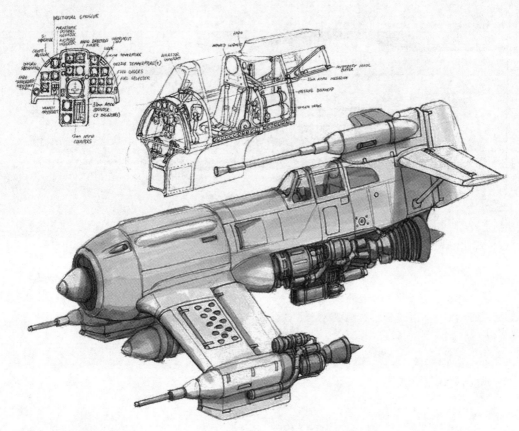

图4-37 幻想战斗机草图

5. 速写练习

速写是锻炼技法、提高观察能力的最重要的方法。户外建筑写生和产品结构速写往往较为复杂，又要分析对象的造型排列和组织连接结构等，帮助设计在未来设计工作开展时可以有相对应的清晰空间关系和常规结构效果。速写能够锻炼线条、明暗色调、比例和空间关系，以及复杂对象的简化、归纳等。

6. 细节

细节是建立创意兴奋点和引人注目的部位。窗户、门头相对于建筑是细节，开关按钮相对于电器是细节，扣子拉链相对于服装也是细节。关注细节往往是决定设计成败的关键，这不仅是对于技术工艺的要求，也是对于视觉设计的要求。大多数细节观念需要速写训练来建立，也可以说是形式法则的一种体现。宏观和局部、对称与均衡、节奏与排列等，符号化的视觉对象需要处处精彩，从整体到细节。

7. 插图

很多插图画家利用他们的绘画技能同时为建筑景观、商业插图、室内陈设、产品造型等范围广泛的设计领域服务。设计效果图与插图绘画十分近似。

插图在广告、产品、招贴海报中有着与文案同等重要的作用，甚至更重要。好的插图应能使形象内容吸引关注，画面要有足够的力量促使消费者进一步想要得知有关产品的细节内容，诱使消费者的视线从插图转入文案。插图表现方法主要有摄影、绘画（包括写实、抽象、漫画卡通、图解形式等）和立体插图三大类。摄影插图能真实客观地表现产品。绘画插图带有作者主观意识，具有自由表现的个性，幻想、夸张、幽默、情绪化的元素都能自由表现，对事物有较深刻的理解。插画形式中，漫画卡通很多见。漫画可分为夸张、讽刺、幽默等几种形式。夸张漫画抓住对象的特点加以夸大，突出事物本质。讽刺漫画攻击对立观点对象，使用婉转或尖锐的形式进行讥讽，以达到否定的效果。幽默漫画通过调侃、暗示、双关等手法表达想法。简洁的漫画常常用来做产品说明图例，也常被设计师借鉴，化繁为简地直观表达复杂的系统。吉祥物、卡通漫画形象进行衍生产品推广是新兴的创意发展领域。有这方面知识背景的设计师可以将技法的转换和借用到创意设计中。

插图中的图解形式（Diagrams）是一种非常适合表现复杂产品的表现形式，如电器分析、武器拆解、物理结构、考古、建筑的使用等。图解形式可以是多种元素的组合，利用插图宏观与细节的描述，可以清晰地完成其他形式不能完成的视觉效果。

立体插图是应用于招贴广告中的一种极富表现力的插图形式。现代插画已不再局限在二维表现空间范围，仅靠二维表现技法已不适应现代插画设计的要求。

图4-38　扑克幻想插画

8. 造型延展与公共平台

模块化设计方式是利用共用平台发展出适合各种用途的系列设计造型。在创意阶段早期，可以对设计对象进行不受约束的联想。这类设计在空间领域的应用是典型的工业化行为，发展为成熟的共用平台具有生产优势，用途广泛，改造和维修方便，还可以对未知用途提供成熟的接口和造型基础。

目前公共造型平台，比较深入人心的是玩具公仔，对它们的拓展主要选择涂鸦方式，只有少量的造型修改。在公共平台的造型延展方面，可以替换插接零件，更换涂装，变形组合等方式方法。按照标准布置的展览中心的展位，都是一样的3x3单元设置，可以通过排列组合得到客户需要的规模和气氛，同时降低双方沟通复杂程度。很多车辆平台，根据用途不同而通过改造来使用，大大提高了效率，降低了消耗。

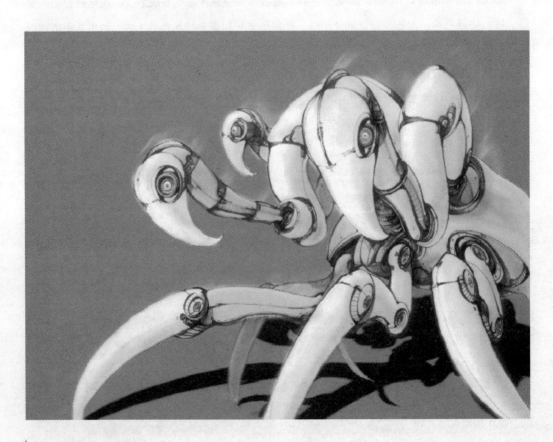

图4-39 插图画法机械设定

图 4-40
矢量插图

图 4-41
卡通公仔玩具

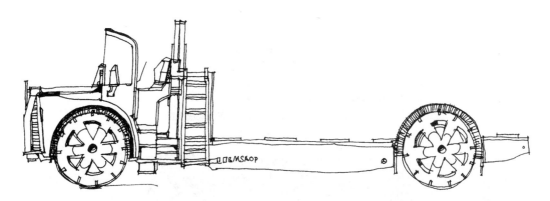

图 4-42
公共平台卡车模块

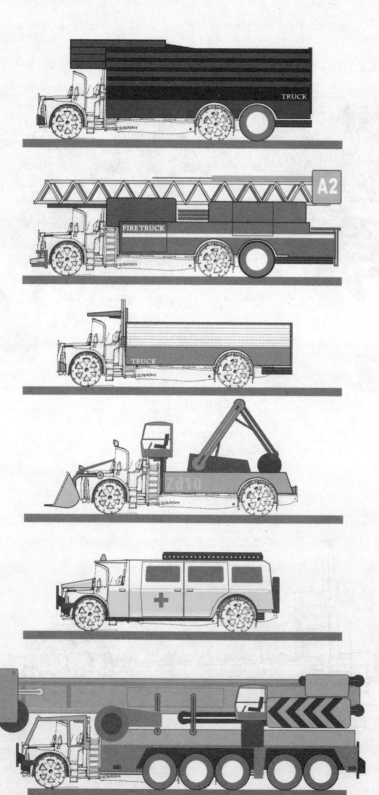

图4-43
公共平台结构拓展

第5章 | 抽象语言

"设计草图"虽然是快速进行创意表达的过程,但也分成几个表达阶段:首先是构思草图(概念意向),然后配合布局、空间合理化分析草图,其次是完成功能图和逻辑分析(动线或动态形体结构的技术性草图)、技术性草图(如物理方面的)等阶段。设计草图的各个细分阶段并非典型因果关系,而是灵活、情绪化的,并具有相当的互动性。创意草图的目的就是传达,具象造型容易传达,而抽象内容不容易传达,因此,在草图中有相当大的信息传递需要抽象元素来进行综合表现。这些抽象元素包括符号、文字、图表、气泡图、系统绘图等。

5.1 符号

符号是设计学的重要组成部分,颇具广义的概念。符号不但以图形、图像、文字形式出现,也可以是声响信号、建筑造型,甚至文化现象、人物等。例如基督教的十字架、天安门是北京的符号、明黄色属于中国皇室、人民币的缩写¥、SOS的长—短—长紧急求救电报码等。赛车场中,弯道处墙壁被涂成黑黄相间条纹的图案,警示车手注意转向避免意外。警示符号标志使用黑黄条纹,不仅来自于图案色彩本身所具有的视觉特性,也和这种色彩组合会给人带来虎和马蜂身上花纹的联想有关,人们的警示感和对于危险动物的视觉经验有关。而绿色,会使人们产生心旷神怡和自然和谐的愉悦感,生命在自然环境下的健康生长,是我们最基本的感受。因此,绿色符号一般被使用于医疗卫生、环保生态等领域。这些规律涉及人文、心理、图形等科学,艺术设计本质上是进行符号的设计和研究。

"符号"是符号学的基本概念之一,一般指文学、语言、电码、数学符号、化学符号、交通标志等。设计是符号系统,相当于一种"语言"。设计活动就是设计师通过这种语言来对外传达的文化价值。

图解思考的含义和表达过程很大程度上与符号学具有相同的灵魂,能够将思想中复杂的感受与情感形象化的表现出来,并能够得到普遍的理解认同就是这个学科发展的目的。符号学总结分析存在的事物，图解思考的设计草图体现的是设计者创造性的内容。设计过程中，草图表达需要大量的经典符号内容与说明文字和系统绘图传达设计者准确的信息。作为设计师，了解更多的符号系统和运用表达能够增加设计表达的方法和准确性。

创意设计各个专业中使用的抽象元素很多，这些不完全划分的类别有几个主要的内容，但总体上可以理解为设计对象之外，促进信息传达的所有内容。

5.1.1 设计与符号

从设计角度看，可以将符号区分出以下三种不同的类型，同时也是符号的三个层次：

（1）图像符号（ICON）

图像符号是使用图像形式，通过描述对象产生的。比如人的剪影头像，因与对象相似就可以进行识别。

（2）指示符号（INDEX）

指示符号是指具有指示性质的与不同空间相关联的形式，并非专指抽象指示图标。例如门就是出口的指示。

（3）象征符号（SYMBOL）

象征符号与所属对象一般没有直接关联，而是经过单纯或普遍的经验，积累起来形成的关联。例如桃子代表长寿，红色代表革命。

无论是设计符号，还是使用符号元素进行设计，设计师都需要对于符号的文化背景和演变做深入的了解。符号研究涵盖所有涉文字符、讯号符、密码、古文明记号、手语的科学。同时象征的内容也会因为时空地域的不同而发展变化。例如在欧洲，红色本身具有警示、恐怖和极端的内容，但社会主义运动发展之后红旗变成了革命的象征。而在梵蒂冈，红衣主教的衣服又是完全其他的含义。

殷墟出土的甲骨文，是中国目前所知的最早文字。这些文字当时是用来记录占卜结果和记录重大事件的符号。而现代社会，甲骨文已成为中国文化传统的象征。大量设计中，甲骨文经常被使用象征中国古代文化，这些文字的占卜内容已经没有这种符号的文化象征意义大了，它们已经变成了中国传统文化的代表符号。

5.1.2 文字符号

顾名思义，文字是我们经常使用的，人类用来记录语言的符号系统。一般认为，文字是文明社会产生的标志。草图涉及的文字相关内容主要包括文字本身的设计，比如牌匾、霓虹灯、产品或空间中的文字。这些文字需要设计表现，具有平面设计学科的主要内容，是形式感的体现，同时还要考虑透视效果和立体关系。

另一方面，设计草图中需要大量的文字来直接描述设计者的思维内容。草图文字与专业制图中的说明文字作用相同,形式上不需要注意字体、段落形式,但具有快速书写文字的美感和动感,并且不能造成识别困难。草图文字大部分情况下表现在使用各种符号,而图解语言包括图像、标记、数字和词汇。草图文字是设计创意表达和思维再现的重要部分。草图使用文字言简意赅,并灵活地单独使用短语、词汇、缩写,并且适当允许数字符号和多种语言混合排列使用。

人类文明的发展在很大程度上得益于语言的产生,传达思想,交流知识。早期表意文字直接从图形形象产生,发展到表声文字广泛使用,其含义都是连贯表达的。而普遍熟悉的语言有交通识别图例、音乐符号、数学符号等。很多符号系统具有国际规范性质,公共识别力很高,是非常理想的图解语言。

中文与英文的书写方式、组合方式完全不同,展示出的效果也完全不同。为了符合书写格式要求和图面均衡关系,需要十分注意书写成行。草图文字在功能上属于辅助设计内容,是主体对象的说明和意向的延伸。因此应十分注意与主体、符号、图形的视觉比例关系。

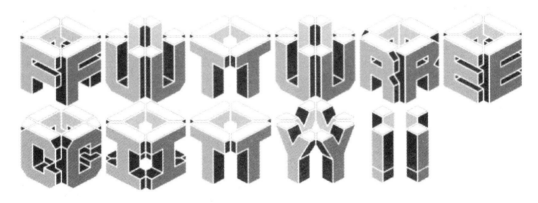

图 5-1
字形立体设计

5.1.3 标志标识

标志和标识同音异形,之前辞海中这两个词同义。但随着国际社会文化发展,行业细分,和新领域产生,基本可以这么来描述它们。

(1)标志(logo):是一个事物的特征。

(2)标识(sign):是一个让你认识的特征。

标志和标识——logo和sign的概念并没有十分明确的区分定义,也不是完全平行的概念。得到比较普遍共识的区分是:标志是指向一类图形或图形与文字相结合的记号,作为某一类事物的表征,而趋于成为企业或个人的特指标志,类似于经典的纹章概念;标识不仅代表图形类

图 5-2
字体图形设计

的符号,也用语言表述文字、数字、方向标识等,包括多个领域和类别,其中比较主要的是signage标记标识和way-finding指路标识。企业形象识别系统CI来源于标志logo,现代设计指示系统概念来源于标识sign。

设计的未来是专业细分和专业合作,越来越多的项目是跨专业跨学科的设计。商业标志和指示系统在空间设计中占的比例变大,尤其是商业空间、交通设施、展览等公共空间项目。草图的绘制过程需要较为准确的考虑这类内容,并且用抽象的线条勾勒图形,促进空间主题气氛的形成。在展览展线和交通空间中,视觉导览和导向指示系统占到视觉空间中重要的比例,因此还要特别强调对待。产品类设计更是突出强调标志系统的应用,其中包括标志图形、标志色彩和周边延展应用部分。

设计领域的标志设计是运用设计法则的典型内容,图解思考的思维方式和技能方法同样适用于平面设计的各个学科,在空间领域,标志标识概念具象的表现主要有指示图形、产品系统、店面展示、平面图形立体化等。

在空间设计领域,标志符号和其他平面设计体系应用广泛,甚至是处于极为突出的位置。麦当劳、迪斯尼乐园、如家快捷酒店等的符号化形象给人印象深刻,而苹果、索尼、奔驰等产品的标志给人思想中的印象甚至超过产品本身。这些都说明高水平的创意图形能够显示巨大的影响和视觉冲击力，必须为设计师所关注。

图5-3
一百单八将文化机构标志

图5-4
百乡酒店标志

图5-5
西客站标识指示
系统设计方案

相关知识点

(1) 视觉传达的历史

从原始人在山洞墙壁上涂鸦到发明文字，创造纹章到现代设计，视觉上传达思想最好的方法就是绘画。除了真实的表现现实之外，绘画也如其他艺术形式一样反映人的精神世界，这里有喜怒哀乐，也有插上翅膀的仙岛鬼神。跟很多诗人一样，靠着思想的飞翔，可以写出经典的长诗，描写从没有去过的地方。任何人的头脑想象得出来的场景事物都可以描绘出来，所有无法言传的感觉也能够与大家分享。这些幻想的图像都是人们向往的对象，也展现了冒险精神。正因为有了这些思考和达芬奇这样的艺术家的智慧，随着社会进步、科学发展才有了神话传说变成现实。借用一句口号"人类失去想象，世界将会咋样？"

在文字发明以前，人们很早就开始使用各种符号标记。这样的固定和有规律的符号最终发展成为了象形字。通过视觉系统传达的信息占我们接收到的80%，我们学习的知识绝大部分是通过眼睛得到的。通过视觉表达创意思想是最有效率的。

(2) 纹章(Heraldry)

提到视觉传达的历史，不能不讲"纹章"。纹章是一种按照特定规则构成的彩色标志，专属于某个个人、家族或团体的识别物。纹章在12世纪诞生在战场上，主要是为了从远处可以分辨因身上穿着盔甲的的骑士们。他们在自己盾牌的正面展示扁桃状图案的习惯，作为在混战中以及在早期比武时辨认的符号，从而引发了纹章的发展和流行。这些纹章的图案通常呈几何、动物或花草形状。每个人，每个家族，每个人群或团体，可以按照自己的选择自由地采用纹章，并且根据自己的意愿去使用它，唯一应该遵守的条件是不得盗用他人的纹章。纹章兴起的时间在第二次十字军东征与第三次十字军东征期间，其出现与封建时代西方社会新秩序密切相关，"纹章为正在重新组织的社会带来了新的身份象征。它有助于将个人置于团体之中，并将团体置于整个社会体系之中。"至13世纪初，各中小贵族都拥有了纹章，纹章的使用同时向非武士、非贵族以及其他不同类型的人群延伸。纹章在宗教建筑中的地面、墙面、彩绘玻璃、天花板、祭祀物品和僧侣服装上到处可见。中世纪的宗教艺术和巴洛克时代艺术中，纹章均占有重要的地位。

在中国，由于文字结构的原因，单字单词本身就是非常明显和典型的符号，很方便地直接使用在旗帜、服装和装饰上。国家、军队、商队、帮会的名字也经常直接将名称出现在旗帜上。同时，靠颜色图案区分的组织如八旗制度；动物形象符号如"四象"：青龙白虎朱雀玄武；甚至刺青也是一种个人符号的体现。在日本，家族族徽被广泛地使用，这些都与纹章有近似的符号识别作用。

图5-6
宗教十字架

图5-7
中国十二纹章

(3) 图腾(Totem)

图腾是原始人群体的亲属、祖先、保护神的标志和象征。这是人类历史上最早的一种文化现象。图腾是人迷信某种动物或自然元素与本氏族有血脉关系，因而用来做本氏族的徽号或标志。

图腾一词来源于印第安语，意思为"它的亲属"，"它的标记"。在许多图腾神话中，认为自己的祖先就来源于某种动物或植物，或是与某种动物或植物发生过亲缘关系，于是某种动、植物便成了这个民族最古老的祖先。图腾崇拜对动植物的崇拜，是对祖先的崇拜的体现。图腾的第二个意思是"标志"。图腾标志最典型的就是图腾柱，故宫索伦杆顶就立有一只神鸟，古代朝鲜族每一村落村口都立有一个鸟杆，这都是由图腾柱的演变而来的。

图5-8
欧洲纹章

图腾崇拜是一种最原始的宗教形式

1）旗帜、族徽

中国的龙旗，古突厥人、古回鹘人的狼图腾，东欧国家以鹰为标志，古罗马的母狼，东罗马帝国的双首鹰，俄国原始图腾熊，波斯的国徽为猫，比利时、西班牙、瑞士以狮为徽志。这些族群的动物标志都源于图腾信仰。

2）服饰

瑶族的五色服，畲族的狗头帽，北欧的牛角头盔，清代的官员衣补子。

3）纹身

台湾土著多以蛇为图腾，纹身以百步蛇身上的三角形纹为主，演变成各种曲线纹。广东蛋户自称龙种，绣面纹身。土蕃奉猕猴，其人将脸部纹为红褐色，以模仿猴的肤色，好让猴祖认识自己。

4）图腾舞蹈

即模仿、装扮成图腾动物的活动形象而舞。塔吉克族人的舞蹈作鹰飞行状；朝鲜族的鹤舞；中国龙舞、狮舞。

所谓图腾标志或称图腾徽章，即以图腾形象作为群体的标志和象征。它是中国历史上最早的社会组织标志和象征，具有识别和区分的作用。图腾标志与中国文字的起源有关。中国彩陶纹样中的图案"人面鱼纹"是以异物同构的方式，将人面图案和鱼图案合为一体的图腾。龙传说中的形象是：蛇身、兽脚、马毛、鬣尾、鹿角、狗爪、鱼鳞。这可能意味着以蛇为图腾的远古华夏氏族部落，不断战胜并融合其他氏族部落，即蛇不断合并其他图腾逐渐演变为龙。

图5-9
四象图

图5-10
动物图腾融合

图5-11
萨满图腾

5.2 动线/流线

建筑景观与室内展览设计的用语之一。指人在室内外移动的轨迹，连合起来就成为动线。优秀的动线设计在博物馆等展示空间中特别重要，如何让进到空间的人，在移动时尽快达到一处或多处目的地，轻松躲开障碍物，通过设计暗示或明示避免迷路，是非常专业的艺术。家居、办公空间的动线设计，长久使用的人，会产生相当复杂的动线，女主人走到厨房和照顾婴儿的线路就有好几条，绘制的动线图可以清晰地了解空间布局和使用者可能的行为方式。

组成动线线体的每个点实际的停留、移动的时间是截然不同的，而非匀速等距，而且有大量的流线是重叠的。我们引用科学领域相对论的理论来思考，会得出意外的结果，那就是移动与空间尺度近似反比，符合这种概念的流线和空间设计是合理的，并且体现了使用效率和空间利用率的建立在四维设计角度（三维空间加上时间）的平衡。现代设计中越来越多地使用了这种概念，例如在狭窄的通道安装自动步道加快人流移动速度；过于宽广的空间需要对应的景观设施来吸引路人放缓脚步；技术性展览的导览系统可以有很多种，通过引导的节奏可以控制有针对性的参观流线。

动线在公共空间中，游乐园、大型公园的交通动线，如果没有善加规划，会造成拥挤踩踏的状况，良好的前期分析甚至能看到某些危险的信号。此外，超市与商场的动线设计也是如此，有时更特别加强迂回，以便消费者能自然地到达尽量多的销售区域。车站机场空间有大量的指示系统，为了保证两大主要客流方向的正常功能实现，目标就是疏散人群。博物馆和展览空间为了促进展示的信息传达，建设有吸引参观人员的聚集节点，这时合理的流线设计可以既实现吸引观众，又保障更新人群，维持秩序的目的。综上所述，空间中的动线未必完全是人们快速移动的轨迹，而是多种性质交叉的，有的甚至是强调停顿的，这就需要动线图的多种绘制手法，包括保留不同的粗细、流畅程度和节点。

动线的画法看似较为轻松随意，实际具备理性分析成果。

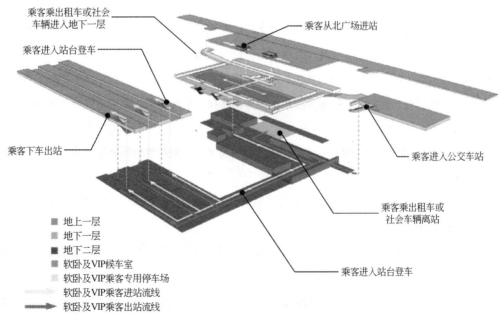

图5-12 西客站出入站动线图

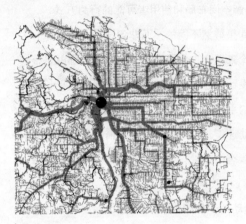
图 5-13
动线图

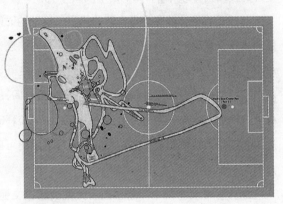
图 5-14
足球比赛动线分析图

5.3 图解语法

语法，又称文法，一般用来指词、句的组成规律，包括构词法和句法。相对于口语表达，草图中的简短的说明文字和符号，图解语言需要更复杂和更规范化的逻辑规则。借用语言学语法概念，可以恰当的作为这种完整系统的定义。

5.3.1 图解语法互动

创意设计草图通常除了表达具体对象，理解对象和传达思维只靠单纯的形体表现是不够的，加上注释仍觉得不能完全展现视觉传达之外的内容。把设计过程和表述内容进行分解，成为设计语言中对应语言学语法中的"主谓宾定状补"。

将语法系统中的各个部分集中表达，画上圆圈或者矩形表示本体，他们之间用线连接，表示他们的互动关系。其中本体图形、线形、阴影用来描述修饰差别。影响主体表达关系的形式主要有：

(1) 位置，根据阅读习惯和形式法则设定的方位关系，规律性的网格暗示排列，帮助理解设计逻辑。

(2) 疏密，根据内容的相互主次关系，用距离远近来表示。距离大没有连线的无关系，距离近而相邻的表示紧密。

(3) 归类，除去距离暗示关系远近，图表结构还可以用形状、色彩、符号分类表示，使用共同特征进行分组。

(4) 综合形式，以上三种形式组合运用衍生出复杂的结构体，可以体现几种主体关系。例如人们的籍贯、职业、娱乐、年龄等的复杂交叉关系。

以上图解语法关系的描绘（气泡图），以其构图、细节、技法等展示艺术感染力，绘制气泡图的主要程序是：

(1) 简单绘制框图和连线。

(2) 取消不重要的关系线得到极致简约结构。

(3) 加强必要的阴影、线条强度，拉开个体差别。

(4) 填写文字、符号，检验整体语法关联的合理程度。

(5) 如有必要，将框图组编入上一级群组中；抑或相反分解，避免图解过于复杂。

5.3.2 网络图和矩阵图

能够体现图解语法的另外两个重要的形式图表是逻辑推导的网络图和矩阵图。

1. 网络图

网络图的核心和基础是时间线和逻辑顺序。除了位置语法表述的主要阅读顺序模式，可以通过方向箭头来更明确的表达图组顺序关系。图组网络不仅指逻辑关系，也指时间延续和类似从宏观到微观的抽象关系。

2. 矩阵(Matrix)

矩阵就是由两个维度坐标轴所构成的方阵。用来表示统计数据等方面的各种有关联的数据。矩阵图是横向和纵向排列的图表，可以显示两个坐标属性的对应关系。矩阵图的最大优点在于，寻找对应元素的交点很方便，而且不遗漏，显示对应元素的关系也很清楚。矩阵图法还具有以下几个特点：

(1) 可用于分析两个关系持续的影响因素。

(2) 对应关系清晰明了，便于确定重点节点。

(3) 为设计系统提供准确而详细的对位关联。

矩阵图的类型：应该使用适当的矩阵图来表示对应的内容。常见的矩阵图有以下几种。

1) L型：A、B双坐标单一内容图表。

2) T型：A、B形式的L型和A、C形式的L型的组合矩阵，可用于分析材料新用途的"材料成分—特性—用途"的关系等。

3) Y型：A、B、C均分循环关系矩阵图。

4) X型：坐标轴的A、B、C、D四个方向均为关联的矩阵图。

5) 蜂巢矩阵。三因素为边做出的六面体，三维空间坐标矩阵。

5.3.3 图表(Chart)

直观"可视化"数据的手段。条形图、柱状图、折线图和饼图是图表中四种最常用的基本类型。除此之外，可以通过图表间的相组合重叠来形成复合图表。

图表属于视觉传达设计的范畴。通过图示、表格来表示某种事物的现象或某种思维的抽象观念。在创意草图设计阶段，快速整合与表现的图标有助于保持对于对象的了解，掌握综合数据，完成合理化的设计构思。图表对于时间、空间的概念和抽象思维的表达具有文字和造型绘画无法取代的信息传达功能，同时具有信息表达的准确性，可读性。

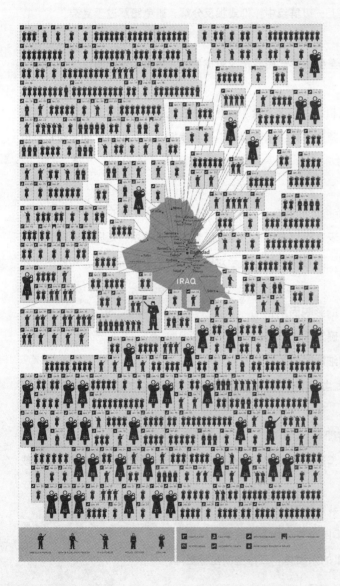

图 5-15
伊拉克战争伤亡图表

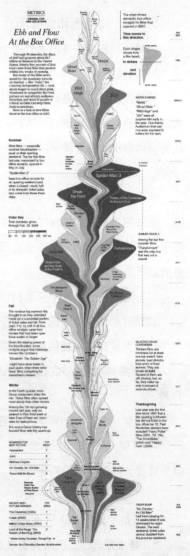

图 5-16
分析图表

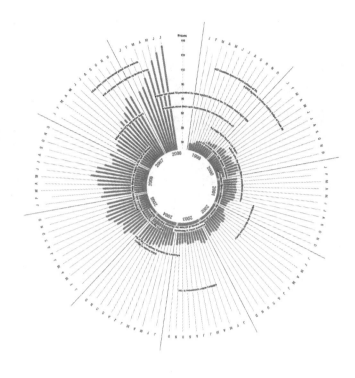

图 5-17
辐射数据图表

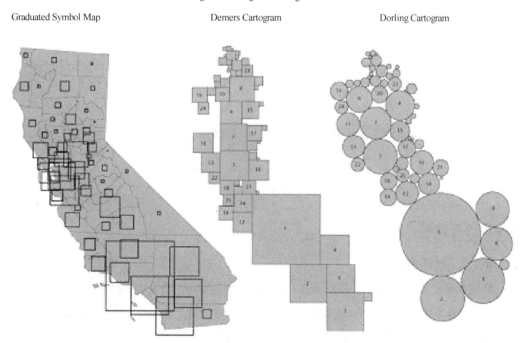

图 5-18 图表

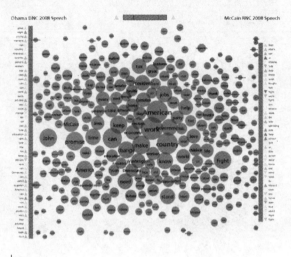

图 5-19
点阵图表

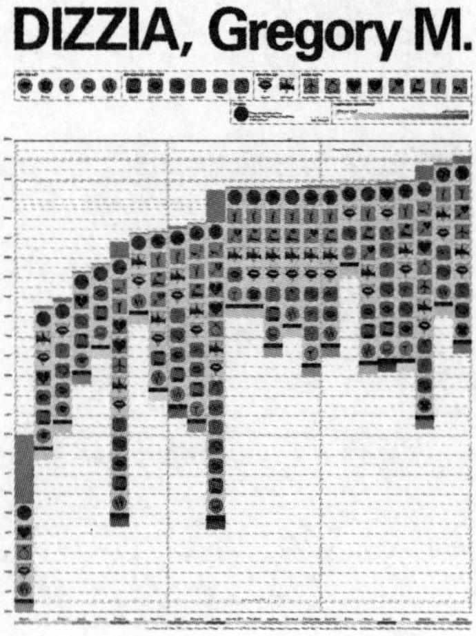

图 5-20
图标分析图表

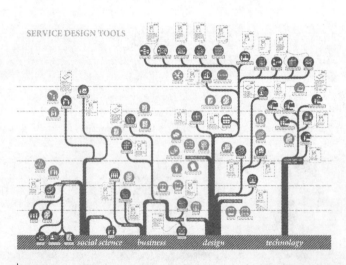

图 5-21
树状图表

5.4 综合课题：地图

5.4.1 地图的定义

地图就是依据一定的数学法则、尺度比例，使用制图语言，通过综合制图，在一定的载体上，表达各种事物的空间分布、联系及时间中的发展变化状态的图形。它是表示自然和行政区域最常用、最主要的形式。在地图上可以形象直观地表示行政疆域和道路、河流、山川、城市等，也可以表示文化、历史等人文内容。研究和绘制地图的过程，是认知的过程，展示的成果是科学与艺术的结合。广义的地图概念可以是一切表现方位和与方位有关内容的综合表现图纸或多媒体展示。

5.4.2 地图的历史

从石器时代开始，人类制作了简单的地图。其中最早的地图在公元前6200年在小亚细亚地区出现。中国夏时大禹铸造了九鼎，上面绘制了九州的地图。古希腊在地图方面作出了许多贡献。埃拉托斯特尼首先推算出了地球的大小以及子午圈的长度，绘制出默认地球为球体的地图。喜帕恰斯创立投影法，提出将地球圆周划分360°。托勒密于公元2世纪编纂的《地理学指南》详细叙述了地图绘制的方法，创立了更多新的投影法。古代地图，尤其是在未知的领域中，常常跟非科学的宇宙观结合来表达人与宇宙的关系。此时的地图没有经纬网和比例尺。1568年，荷兰制图学者墨卡托创立了正轴等角圆柱投影，非常准确，至今还在海图制图时使用。

随着地理大发现，各种行业都对精确的地图产生需求，当时使用三角测量绘制精准地图很风行。19世纪末，各国出于经济利益的需要，开始编绘国际统一规格的详细地图。自然科学的发展，出现了描述气候、土壤、水文等自然专题的专题地图。随着飞机被发明，航空测绘地图兴起。当代地图更是发展出了卫星遥感和定位技术，更是出现了GPS全球定位系统。

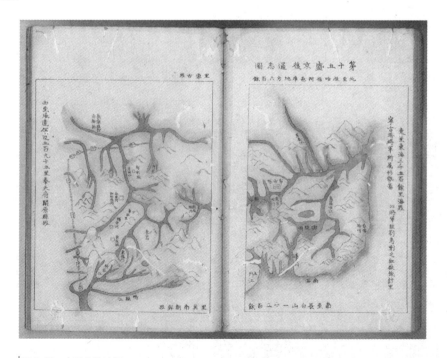

图5-22 中国古代地图

图 5-23 欧洲古代地图

图 5-24
地图形态设计

5.4.3 地图新概念

地图,在现代社会具有重要的核心价值,也升华为特殊的艺术形式。新概念地图设计作品大量出现,如巴黎地铁图用专属图形代替文字标注;三维立体仿真地图;地区文化导向地图等。地图中最重要的内容就是区域指示与文字图形标注,这些单元符号代表的内容组成了整个地图。同时,街道和区块组合的图像也具有强烈的形式感,城市规划设计往往从这些抽象视觉关系中得到设计支持。

图 5-25
无字图形化巴黎地铁图

5.4.4 构成要素

地图大多以可视的图形形式出现。地图的载体多样,纸质和电子媒体最常见。所有的地图及其介质的共同构成要素是图形要素、数学要素、辅助要素以及补充说明。

(1) 图形要素

图形是地图的主体。把自然、社会经济等需要表示的现象通过地图符号的表示,从而形成图形要素。

(2) 几何要素

这是保证地图可准确参考的依据基础。几何要素里包括地图投影、地图坐标系统、比例尺和控制点。

(3) 抽象要素

包括地图标题、文字标注、图例、版权信息、技术参数等。这是保证地图内容严谨完整的重要部分。

(4) 图表说明

使用统计图表、衍生图表、剖面分析图、照片、体系、说明文字等形式，将地图内容上升到较高的知识层次。

创意思维表现抽象元素的主要内容，在地图这个平台媒介上几乎全部都有表现。从标志符号到流线标注，从图表说明到意象图片，都是地图必要的图形元素。通过一个完整的地图案例，可以对每个抽象类别都深入的进行练习，为之后进行其他综合设计项目积累经验。

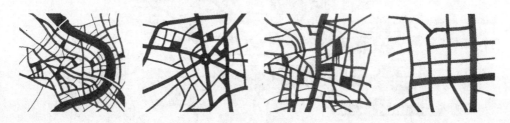

图 5-26
图底分析法地块地图

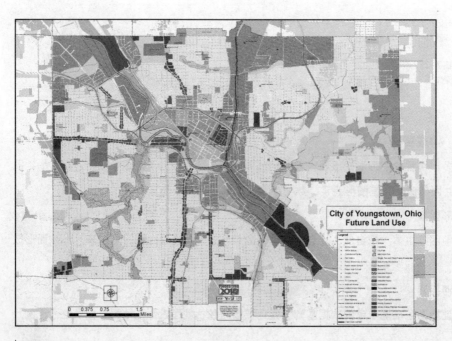

图 5-27
色块标注地图

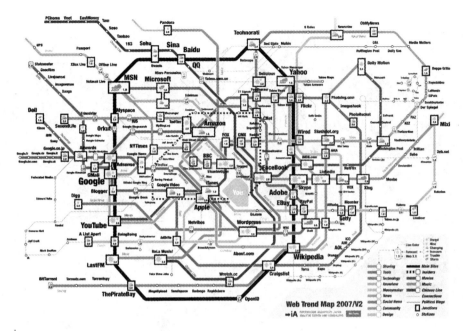

图 5-28
地铁系统图

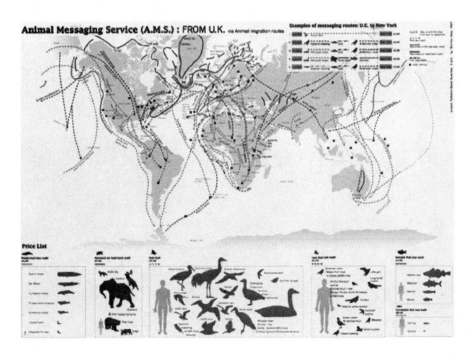

图 5-29
动物迁徙动线图

图 5-30
动物园立体娱乐地图

第6章 | 创意，智力

图解思考是研究创意和创意的绘图表现。在训练基本技能的同时，至关重要的就是开发头脑的能力。智力分为开动思维天生的心理条件之外，还有经验学习中，后天获得的知识与面对挑战所产生的反应能力。

创意(originality)，是具有新颖性和创造性的想法，具有反叛性和颠覆性的含义，是智能拓展与打破常规的立足于理性，创造未来的过程。应该说，艺术设计就是创意设计，没有创意的设计只是没有灵魂的躯体。

智力(Intelligence)，是指生物一般性的精神能力。这个能力包括以下几点：理解、计划、解决问题，抽象思维，意念表达和学习的能力。作为一个设计师，需要的就是智力才能，具有智力才能是开展创意的基础和保障。同时，智力水平可以靠智力训练和后天经验来提高的。

进行概念创意和草图技法同样需要训练，增进设计智力有多种科学方法。可以借鉴一些其他领域的思维策略来辅助锻炼发散性思维，完成令人惊异的设计方案。

6.1 想象

想象(Imagination)，是人在头脑里对已储存的信息内容进行加工，形成新形象的心理过程。它是一种特殊的思维形式，与思维有着密切的联系，属于高级的认知过程。想象是人们将记忆材料进行加工，产生新形象的心理过程。也就是人们将过去经验中已形成的一些暂时的联系进行新的结合。想象能突破时间和空间的束缚，达到预知未来和瞬间造物的创意能力。

进行项目设计诠释之前，设计师需要通过想象将预期成果建立框架雏形，并通过挖掘思维经验和新信息采集完善设计框架。设计的过程就是想象变为现实的过程。因设计师和团队头脑中的思维储备不尽相同，而产生不同的成果就可想而知，因此设计就有优劣之分，这和知识积累和动态经验有密切的关系。因此开展设计工作需要进行相关大量的训练。

科学幻想文学和影视艺术有助于培养想象力。艺术和设计想象属于创造性想象，在一定的指导思想控制下，通过自己积累的生活经验，进行创造加工，完成最终作品。

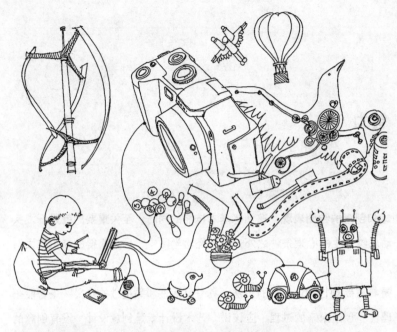
图 6-1
想象

图 6-2
想象与头脑风暴

相关知识点

折纸艺术与展示设计。折纸是感染力十分突出的一种艺术形式,具有抽象的图形美感和空间形式感。利用折纸的特殊美感进行设计,是可以运用的一种手段,在产品设计、雕塑、装饰形态、展览展示,甚至建筑领域都可以采用。

图6-3
纸鹤景观造型

图6-4
一百单八将文化机构折纸造型展览馆

图6-5
一百单八将文化机构折纸造型展览馆

6.1.1 想象中的认知构思方法

(1) 粘合

粘合就是把两种或以上本无关系的目标事物的形态特征结合在一起，构成新形象。也可以理解为一种组合堆积的构想，古代神话中大多数妖怪都是几种动物的肢体拼接。工业设计中很多这方面的实例，例如汽车与飞机结合的飞车和手表与计算器的组合等。

(2) 夸张

夸张是故意强调某一特征、使对象剧烈变形变大或者缩小的方法。夸张可以是局部的也可以是整体的。夸张的手法经常用于卡通领域，对于人物景物的夸张可以增加形象的符号属性，便于识别并留下深刻印象。产品造型、平面设计中，夸张的手法对于特定设计对象是十分有效的构思方法。

(3) 拟人化

拟人化就是对客观事物赋予人的形象和特征，试图产生新的典型形象。当然，使用拟人化手法，也可以理解为通过这样的方法可以将头脑经验中与人们认知距离较大的事物拉近属性，达到视觉共鸣的效果。因为人成长中认知度最高的符号就是自己和其他人的面孔。

(4) 典型化

典型化就是根据一类事物的共同特征来概括生活，创造典型形象的方法。例如各种设计风格的形成，当某一类接近的形式规律普遍出现，演进微妙，并与其他时空的普遍概念有了明显的不同，这就形成了新的行业普遍特征。这些特征的共性整合可以显示为这类普遍特征的典型化过程，而设计起码在一个重要的角度就是追求这种新的典型化的过程。因为设计的目的是普遍成果而非个体成果，这也是区别于单纯艺术的特征。

6.1.2 让想象内容更真实

要通过什么方法才能让"想象"里的事物，变得更真实合理，并最终能够在现实中建立起来？

(1) 只要使"虚拟场景"尽量"模拟"出"现实场景"，就可以使意象世界里的东西都变得很有"真实感"。例如梦里的情景就很有"真实感"，因为梦里的背景事物大部分是周围生活环境的映像。

(2) 尽量用现有知识和常规去构建想象内容，无论想象的事物多么夸张离奇，就都能合理化的去合理化支持。例如设计飞行器，可以大胆想象，但如何解释它的飞行原理就是要考虑的概念设计问题。即便是神话传说也为天马行空的想象提供了解释：孙悟空踩筋斗云，哪吒蹬着风火轮，天使长着一到三对翅膀。

(3) 使用逻辑。事物规律是我们思维的经验认知，而想象的内容如果符合普遍逻辑规律，即能使人感到可信。想象和构建逻辑规律同样重要，完全没有逻辑基础的想象真实度就会很低。使用逻辑的方法使设计创新更为缜密，想象也更能接近实现。

6.1.3 训练

为实现设计想象所建立的训练，需要从观察和分辨入手，通过对于现实的理解进行草图速写练习，达到表达创意的目的。

1. 立方体创意

立方体是空间几何中最稳定、最适应分割组合、最适合空间利用的形体。它可以是砖，通过组合摆放可以建造墙体房屋；也可以是家具电器；还可以是魔方、麻将牌。无论是传统的还是现代的，立方体形态应用广泛，也必然会在未来保持生命力。

给一个限定比例的立方体，自由设定视点，进行一个符合造型的绘制。这个形态必须符合画法几何的要求来完成这个训练。立方体训练可以尝试任何形态，产品、建筑、室内等只要符合形态的都能用来适形。

2. 遮挡与覆盖

物体互相遮挡会使人产生错觉，而想象被遮蔽物体的结构是锻炼造型能力的好方法。锻炼绘画遮挡物体各个角度关系训练对于设计内部结构和形态组合有利。

训练时，可以先画出组合物体的一个方向，再去想象和搭建背面角度的形态，力求统一。另一种方法是对生活中寻常的物品进行深入分析，并画出简单的内部关系。例如，剖析沙发的木架与弹簧结构和电风扇的多层电机共轴结构。

3. 拟人化对象

前面已经谈到，拟人化是比较典型和简单的图形创造修辞方式。他通过将物体进行简单的分析归纳组合，找到或多或少的拟人特征，再加以艺术加工，就可以完成一个新的形象。这个创造的活的物体对象，也同时被赋予了人的活力与喜怒哀乐。

4. 排列组合

之前在视觉法则章节研究过设计骨骼和二方连续等知识，而想象思维内容是研究组合排列丰富的可能性的。尝试设计循环图形可以用各个角度组合，保证衔接，形式上模拟地砖铺装。进一步的训练是尝试立体关系的组合，在草图上可以尝试三维层面上各种排列组合方式，同样的形态可以排列出很多意想不到的图案。

6.2 头脑风暴

头脑风暴法（Brainstorming）是非常的创意思维策略，它是由美国学者阿历克斯·奥斯本于1937年所倡导，强调集体思考的方法，着重互相激发思考。头脑风暴法早期主要用于广告领域的设计，是集体开发创造性思维的方法。它是在规定的时间内，集中构建出大量概念想法。从这些大量的思考成果中提炼出优秀新颖的构思，完成"量"的思考到"质"的升华。头脑风暴主要以团体方式进行，而个人思考问题和探索解决方法时，可以运用此法激发灵感，并得到多种思路解决方案。头脑风暴的基本原理是是通过强化信息刺激，促使思维者展开想象，引起思维扩散。在短期内产生大量设想，并进一步诱发创造性设想。

设计方案初期阶段，掌握了初步的资料和方向后，运用头脑风暴方法，激发设计者和整个团队创意，力求产生大量的点子和思路。个人经过头脑风暴的过程可以使设计思路变得开阔，不会过早拘泥于细节，这样对于项目定位准确性有重要帮助，为进一步深化设计提供素材。团队进行头脑风暴过程，可以产生海量成果，通过讨论，总结出接近设计目标的策略。

头脑风暴不仅是训练方法,更是产生设计创意的有效方法。团队模式可以是比较自由的形式。例如三三结构讨论法,设计团队分为3~4个小组,每个小组2~4人。每个小组短时间分头进行设计和意见交流,取得综合成果再汇总到团队直接表述综合意向,三三法往往能形成特色突出而又思考深入的差异性成果。六六法(Phillips 66 Technique),也是以开展头脑风暴的团队讨论法,将大团队分为六人一组,只进行六分钟的小组讨论,每人一分钟。然后再回到大团队中分享及做最终的评估,这样产生的成果意见更趋均匀。

头脑风暴有以下几个原则:

自由畅想:思考不受任何限制,放松思想,自由开展。如有可能,通过绘图方法表现设计理解,辅以文字,可以较直观表现思想。

限制批评:提出想法和团队讨论,必须坚持当场不对任何设想作出评价的原则,以促进更多的想法提出。

以量求质:进行头脑风暴过程,目标就是获得尽可能多的想法,以便获得不同角度和有价值的创意。

完善补充:取得有质量的创意后,需要进行完善和补充信息。不断的促进思想展现,使阶段性设计成果向成功的解决方案更加靠近。

限制条件:设计头脑风暴的运作时间没有固定限制,一般一次分组讨论和产生成果时间为10分钟左右,团队讨论需要三次以上,综合考虑1小时左右较为合适,不宜过长。设计团队人数在10人左右到20人左右,按照三三法和六六法进行组织。这样可以保证有较高的效率进行交流沟通,又不会因人少而造成缺少创意成果。

6.3 思维导图

思维导图(Mind Mapping),又叫心智图,是一种简单却又极其有效地表达发散性思维的图形思维工具。思维导图运用图文并重的技巧,把各级隶属关系和主题关键词与图像、颜色等建立记忆链接。思维导图充分运用左右脑的机能,利用记忆、阅读、思维的规律,协助人们在科学与艺术、逻辑与想象之间平衡发展,挖掘潜能。

思维导图是一种将发散性思维具体化的方法。发散性思维是人自然思考方式,每一种进入大脑的资料,不论是感觉、记忆或是想法——包括文字、数字、味道、意象、颜色、节奏等,形成思维的中心,并向外发散出大量的关节点,每个关节点代表与中心主题的一个连结,而每一个连结又成为另一个中心主题,再向外发散出成千上万的关节点,而这些关节的连结可以视为您的记忆,也就是您的个人数据库。

从出生开始,每个人都会积累大量的经验和知识。使用思维导图的方法,加速了资料的累积量，同时将复杂的数据根据关联方式分类管理，从而增加大脑运作的效率。而且思维导图是最能开发左右脑的功能，由颜色、图像、符码的使用，可以增进创造力，有助于帮助设计师进行创意设计。

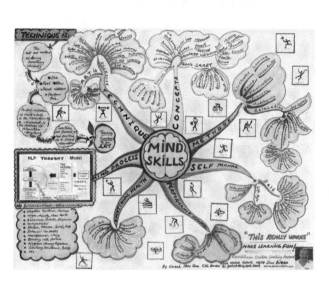

图6-6
思维导图1

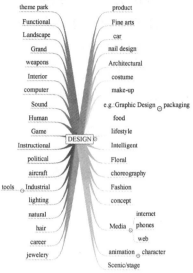

图6-7
思维导图2

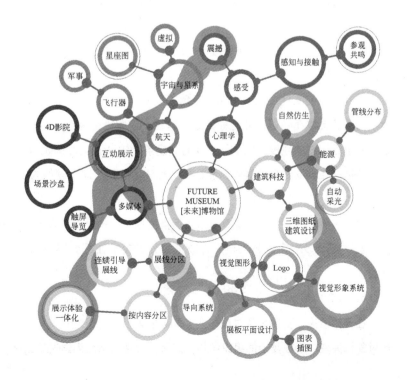

图6-8
思维导图3

6.3.1 思维导图的作用

思维导图可以以应用于社会生活各个方面，包括设计、写作、沟通、管理、会议等，运用思维导图的方法可以增加核心问题解决方法的可能性和归纳与创意相关的关键节点。思维导图是理性的思维方法，用来分析感性思维的创意工作有非常大的帮助。

（1）提高工作效率，进行快速整合。

（2）激发联想与创意，将单一思路汇总成完整系统。

（3）增加分析辨别能力，形成逻辑思维习惯

（4）运用大脑皮层的所有智能，包括词汇、图像、数字、逻辑、韵律、颜色和空间感知。

使用思维导图的方法，可以有效地将头脑风暴产生的纷乱的想法和概念进行整理，创建关联和分类，帮助进一步进行提炼创意和深化设计工作。

6.3.2 设计过程的思维导图

1. 主题

设计主题对象以图形的形式体现在整张纸的中心。将相关主要的分支用不同颜色的线条向各个方向画出。

2. 内容

尽量使用图形和符号来表示各个主题和分支内容，无论什么抽象的概念，图形比文字具有更丰富的内容展示。信息相关联的地方，用箭头线连接，这样就可以很直观地了解内容节点之间的联系。如果分析信息时，有太多信息关联，可以运用代码在核心内容旁边标注，可以证明这些信息之间是有联系的。关联线上方应标注记录用的关键词。

3. 线条要求

关键词和箭头线应长度相似，避免图形交叉混乱。为了体现层次感分明，思维导图越靠近中间的线会越粗，越往外延伸的线会越细，字体也是越靠近中心图的最大，越往后面的就越小。思维导图的线段之间是互相连的，线条上的关键词之间也是互相隶属、互相说明的关系。环抱线在分支过多的时候，能让你更直观地看到不同主题的内容。

4. 布局

做思维导图时，它的分支是可以灵活摆放的，哪条分支的内容会多一些，哪条分支的内容少一些，把最多内容的分支与内容较少的分支安排在纸的同一侧，可以合理地安排内容的摆放。

5. 概念提炼

在开始阶段，头脑风暴过程形成诸多与主题相关的概念和元素节点，并用箭头线与中心设计对象相关联，形成复杂的组织结构。然后将共性的衍生元素遴选出来，并从设计需求角度选

定最合适的内容标示出来。每个设计主题需要2~3个创意概念和意向主题就足够了，过多的方向会对进一步设计造成困惑。空间设计方面形成的主题应该以色彩、形态、文化风格方向为主要突破口，这些成果很方便的转换成为完整的设计方案。

6. 思维导图课题训练(1. 橘子；2. 主题酒吧)：

（1）使用一张大尺寸的草图纸，将设计主题放在中心位置。

（2）头脑风暴过程，将意象图形和描述文字画在主题四周，距离以能够写下关联词汇为准。

（3）第一层图链形成大概5~8个概念节点，以此方式继续扩展第二、三层概念节点。

（4）连接关联节点的箭头线画得直接快速，内圈线段粗而有力，向外依次递减。箭头代表相互关系，如双向，单向等形态的线段。关联词统一绘制于箭头线的上方。

（5）选择2~3组接近内容的突出概念用马克笔圈注，并加上关联线，并进行整合，写上描述的文字和编号。

（6）根据概念提炼的成果完成设计草图。

6.3.3 其他思考策略

1. 曼陀罗法（九宫图分析法）

曼陀罗法是一种有助于扩散性思维的思考策略。首先绘制九宫格图表，将主题写在中心方格，然后把由主题所引发的典型想法或联想写在其余的八个圈内，此法与思维导图模式有相通之处，帮助进行多方面进行思考。但因为表格数量有限定，因此在每个想法确认是经过较深入考虑，而非大量积累概念后进行选择。由曼陀罗法衍生出莲花法，增加一个层级的推导图。团体讨论和进一步思考直到将所有空格填满为创意过程结束。

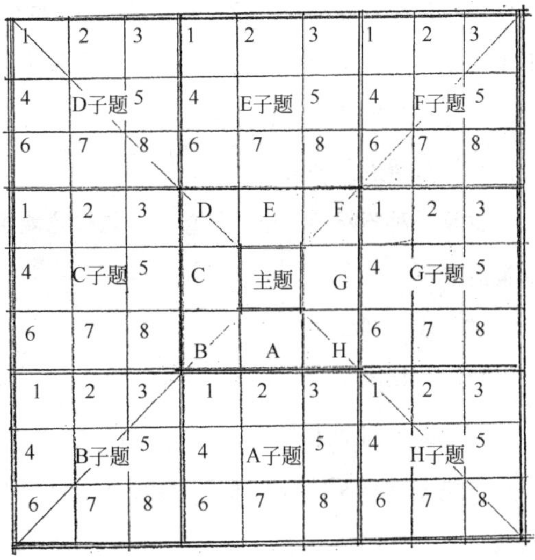

2. 逆向思维法

逆向思维法是指为实现某一创新或解决常规思路难以解决的问题，而采取反向思维寻求解决问题的方法。设计创意需要的是灵活多变、颠覆常规的方式，逆向思维法非常有利于进行创新，有以下几种方法。

（1）反转型逆向思维法

这种方法是指从常规行为的相反方向进行思考，从而产生创意构思的途径。由事物

图6-9
曼陀罗法

的功能、结构、因果关系等三个方面作反向思维。丹麦人奥斯特发现导线上通电流会使附近的磁针偏转，法拉第由此想到磁铁也能使通电导线移动，于是他发明了电动机。之后法拉第又将之前的成果进一步发展，电能生磁，反过来尝试呢？继而发现磁也能生电，这一发现导致了发电机的诞生。法拉第两次"反过来试试看"使大规模生产和利用电能成为可能，而这又引发了第三次产业革命。

(2) 转换型逆向思维法

在钻研课题时，由于解决问题达到目标成果的手段受阻，而转换成另一种手段和途径，或转换思考角度，使问题最终合理解决的思维方法。1901年，伦敦举行了一次"吹尘器"表演，它以强有力的气流将灰尘吹起，然后收入容器中，这样效果一般，清洁效果有限。发明家H.塞西尔·布鲁斯却反过来想，将吹尘改为吸尘。根据这个设想，研制成吸尘器并大获成功。

(3) 瑕疵转换思维法

这是一种利用对象缺点和瑕疵，变废为宝，化被动为主动，化不利为有利的思维方法。这种方法并不以克服事物的缺点为目的，相反，它是化弊为利，将原类型不利因素应用于其他领域，而成为优势的应用。例如金属腐蚀本来对于工业是一种坏事，但人们利用金属腐蚀原理进行金属粉末的生产，或进行电镀，甚至用于铜板腐蚀艺术形式等其他用途，无疑是缺点逆用思维法的一种应用。

3. 列举法

(1) 属性列举法

属性列举法是由罗伯特·克劳福德(Robert Crawford)教授于1954年提倡的一种著名的创意思维策略。此法强调使用者在创造的过程中观察和分析事物或问题的特性或属性，然后针对每项特性提出改良或改变的构想。

(2) 希望点列举法

这是一种不断地提出"希望"、"怎样才能更好"的理想成愿望，进而探求解决问题和改善对策的技法。

(3) 优点列举法

这是一种逐一列出事物优点的方法，进而探求解决问题和改善对策。

(4) 缺点列举法

这是一种不断的针对某种对象，检讨各种缺点及缺陷，进而探求解决问题和改善对策的技法。

第7章 交流与团队合作

艺术设计，是确认命题/解决问题/交流沟通/完成设计/生产实施的过程，基本就是命题创作的过程。这是区别于单纯艺术创作的行为，说明设计过程注重的是交流和沟通。从文字企划、设计意象到创意草图各个阶段，编辑成能够普遍识读的可行性草图报告，向客户汇报。设计师还需要提供尽可能多的辅助信息和文字资料，用以支持设计创意的定位，有利于客户的思考和决策。

设计交流的几种状态，设计师需要准备的信息有所不同。在策划阶段，完成概念设计需要进行广泛的头脑风暴工作，准备意向图片和概念草图。深入设计阶段，除了设计主体的充分表现外，辅助图形和分析图表有助于支持信息评价。设计表达需要用简洁的符号来传递最直观的思考内容。解决阶段，设计方案应该经过了与客户多次沟通交流而更加接近设计成功，此时完整体系的设计方案配合应用分析和调研反馈资料进入后期验证阶段，需要进行充分论证而进入实施阶段。

7.1 设计沟通

7.1.1 设计沟通的方式

设计沟通的模式有多种，最有效的方式就是自然轻松的方式。除了方案演示与讲解之外，面对面的讨论和反馈最有效。其次，通过合理的表达手段十分重要，草图表达创意思想，计算机演示软件可以系统的展示大量系统复杂的内容，而语言和肢体沟通是最直观的表达方式。

1. 语言沟通

语言是人类特有的一种非常好的、有效的沟通方式。语言的沟通包括口头语言、书面语言和图形语言。口语包括互动谈话、会议交流等。书面语言包括纸制和电子资料。图形语言包括多媒体演示、图像展示和影视形式等，这些都统称为语言的沟通。语言沟通是设计沟通最直观的方式，注重信息传递，能够正确表达设计创意。

2. 肢体语言

肢体语言包含非常丰富，包括动作、表情、眼神等。声音也是一种非常丰富的肢体语言。进行语言表达时，声调和语气的表达都是肢体语言的一部分。肢体语言能够赋予沟通内容感情色彩，能够展示语言信息传递之外的内容，比如魅力、感染力、强势气质等。

7.1.2 沟通的技巧

1. 倾听技巧

倾听能鼓励他人积极地表达他们的思想意见，这种方法能协助他们找出解决问题的方法。倾听技巧是有效影响力的重要关键，而它需要相当的耐心与全神贯注。设计方在接受项目和理解客户意愿时，需要掌握倾听的技巧，获得甲方信任，并获得足够多的信息进行参考。

倾听技巧由鼓励、询问、反应与复述四个技巧组成。

（1）鼓励：促进对方表达的意愿。

（2）询问：以探索方式获得更多对方的信息资料。

（3）反应：告诉对方你在听，同时确定完全了解对方的意思。

（4）复述：用于讨论结束时，确定没有误解对方的意思。

2. 气氛控制技巧

安全而和谐的气氛，能使对方更愿意沟通，如果沟通双方彼此猜忌、批评或恶意中伤，将使气氛紧张、冲突，加速彼此心理设防，使沟通中断或无效。这种情况如果出现在设计方与客户之间，会导致信息传递中断进而造成项目失败。因此，气氛控制可以保障信息传递顺利完成，更重要的是使客户能够融入这样良好的沟通气氛，接受设计意见。

气氛控制技巧由联合、参与、依赖与觉察四个技巧组成。

（1）联合：以价值观、需求和预期目标等强调双方所共有的事务，造成和谐的气氛而达到沟通的效果。

（2）参与：激发对方的投入态度，创造激情，推动目标更快完成，创造积极气氛。

（3）依赖：提高对于设计方的信任度，接纳表达方式、态度与价值等。

（4）觉察：将潜在离心状况或冲突的可能性尽早化解，避免互动沟通演变为负面。

3. 推动技巧

推动技巧用来影响他人的行为，使逐渐符合设计方议题。有效运用推动技巧的关键，在于以积极态度，让对方在毫无反感的情况下接受设计方主观意见。

推动技巧由回馈、提议、推论与增强四个技巧所组成。

（1）回馈：了解沟通对象的想法，有针对性的给予反馈意见，推动议题。

（2）提议：将创意概念具体明确地表达出来，让对方能了解提议目的。

（3）推论：使讨论具有进展性，整理谈话内容，并以它为基础，为讨论目的延伸而锁定目标。

（4）增强：增强客户出现的有利于设计方的意见，也就是利用增强来激励他人做你想要他们做的事。

7.2 团队合作

设计领域，越来越多的项目需要多专业协调，并且需要多人合作的设计团队来完成日趋复杂的设计。图解思考就是用来做设计表达和传递信息的方法，也是团队沟通高效率、高共识的方法。

7.2.1 什么是团队合作

1994年，组织行为学权威、美国圣迭戈大学的管理学教授斯蒂芬·罗宾斯首次提出了"团队"的概念——为了实现某一目标而由相互协作的个体所组成的正式群体。团队合作是一种为达到既定目标所显现出来的自愿合作和协同努力的精神。它可以调动团队成员的所有资源和才智，并且会自动地驱除所有不和谐和不公正的现象，同时给予各个成员适当的回报。当团队合作组织出于自愿时，它必将会产生强大而且持久的力量。

7.2.2 团队合作的基础

1. 建立信任

建设一个具有凝聚力并且高效的团队，最为重要的步骤是建立信任。一个有凝聚力的、高效的团队成员必须学会客观地承认自己的弱点，还要乐于认可别人的长处，即使这些长处超过了自己。

以人性弱点为基础的信任在实际工作中是什么样？各个成员应不断进行自我批评。以人性弱点为基础的信任不可或缺，离开它，一个团队便无法产生直率的建设性冲突。

2. 良性争议

团队合作故意避免任何思想冲突，是不健康的行为。团队成员应该学会识别虚假的和谐，引导和鼓励适当的、建设性的冲突。这是一个纷乱的过程，但思想碰撞与不统一是不可能避免的。否则，一个团队建立真正的承诺便是不可能完成的任务。

3. 坚持独立观点

不能就不同意见而争论、不能良性交换意见的团队，往往会发现自己总是在一遍遍地面对同样的困惑。实际上，在外人看来机制不良、总是观念不统一的团队却往往是生机勃勃的积极团队。

如果没有信任,行动和冲突都不可能存在。但对于某种意见达成一致后,应该积极的推进靠拢到设计目标。

4. 团队责任心

优秀的团队不需要管理者提醒团队成员竭尽全力工作,因为团队成员十分清楚需要做什么,他们会彼此提醒注意那些无助于成功的行为。而不够优秀的团队一般对于不可接受的行为则会采取打小报告或旁观者的态度,这些行为不仅破坏团队的士气,更让那些本来容易解决的问题得不到正确的处理。设计团队尤其需要合理的配合与沟通,并且在发挥个人能力的基础上完成团队整体的任务。

第8章 综合案例

8.1 综合案例一：大庆石油博物馆

大庆石油博物馆是大庆市和中国石油总公司纪念大庆油田开采与发展而建设的，具有展示面积大、展览内容丰富、定位标准高的特点。整个博物馆设计从建筑外形到展示流线、互动设施，充满创新与突破。空间形态结合高科技多媒体技术，为展示主题内容增加了感染力。

图8-1

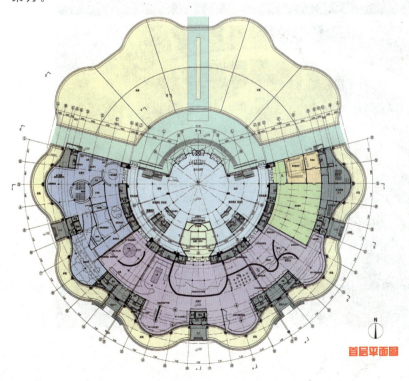

图8-2

石油博物馆建筑平面图形创意，是从中国石油总公司标志衍生。利用标志图形固有的上下两部分结构，形成了博物馆主体和馆前广场的平面形态。同时自然分割形成不同的展厅。形态设计思路明确，但从现场正常视点观察，这种标志造型特点完全没有体现，同时造成空间流线、布局不够合理等问题。

图8-3
博物馆大堂悬空地球造型播映厅

图 8-4
博物馆科技厅多媒体天文馆

图 8-5
博物馆展馆内部多媒体灯光气氛

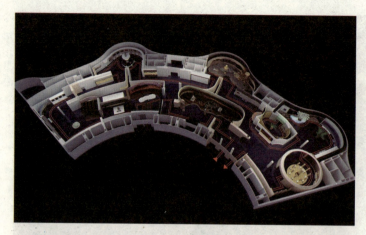

图 8-6

图 8-7

图 8-8

图8-5～图8-8展厅流线图,建立科学的展示动线,提高了展馆利用率和丰富程度。

图8-9

图8-10

图8-11

图8-9～图8-11地质展厅，使用多媒体虚拟现实技术与模型、图片相结合，形成完整的设计气氛。

图8-12
交互式展台

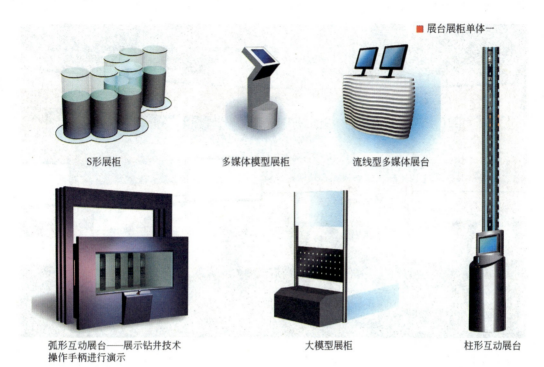

■ 展台展柜单体一

S形展柜　　多媒体模型展柜　　流线型多媒体展台

弧形互动展台——展示钻井技术
操作手柄进行演示　　大模型展柜　　柱形互动展台

图 8-13
交互式展台

8.2 综合案例二：中国移动信息化体验厅视觉规范系统设计

中国移动集团是领先的科技与通讯公司，为了推广其对于集团客户的专业服务项目，而建立了体验中心和科技展览馆。体验厅的标准化设计是以系统的展示信息服务为核心，一个展厅多条流线，模块化设计。这些理念使集团客户和普通参观者能够体验了解最新的信息化技术所带来的变化。这些理念不仅仅表现在空间与视听体验方面，而是一种完整的信息服务。在设计上，整个体验中心采用模块化设计，分成一系列展示空间模块，并配合多种导览系统，为客户展示不同的信息化支持，例如农业信息服务、集团会议或市政管理等领域。

图 8-14
信息化体验厅综合服务台

图 8-15
城市管理信息化展示厅,模型与多媒体投影结合进行互动演示

图 8-16
动力100展厅入口,蜂巢造型体现移动网络含义

图 8-17
彩铃房和声音体验亭

图 8-18
多媒体电子互动吧台和同屏手机演示区

图8-19 集团业务项目icon设计方案，使用倾斜的电子信息卡作为设计元素

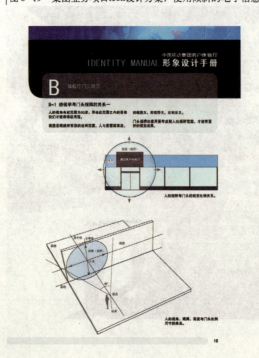

图8-20

图8-21

图 8-22　　　　　　　　　　　　　　　　图 8-23

图8-20~图8-23集团业务体验厅形象设计手册。为了实现集团业务体验厅在全国范围内的形象统一，建立标准化、模块化的规范，包括标志字体、色彩图形、装饰材料和灯光展示。

后 记

　　设计行业大部分从业者是美术院校培养的，他们具备良好的美术技能和修养，经过设计课程的学习和社会实践工作的锻炼，在社会上取得了普遍的认可。设计领域是伴随着工业的发展而不断推进的，在技术的复杂程度方面发展很快，这也使设计师面临新的课题。学艺术的人总是感性的，对于技术的接纳总体上有些恍惚，即便是能够依靠经验解决一些问题，但困难还是显而易见。再来看学习的过程，艺术设计的求学过程需要很多悟性，人的思维心态的起落产生不可能来自计划，灵感的涌现总是无法跟课程表合拍，从而错过了很多精彩的火花。笔者的观点是通过图解思考的形式来融合学术概念与个性思维的关系，经过长期的不间断的练习来反复体会诸多门专业课程的知识，做到不断预习、不断复习。同时，把每一门专业技法或理论课都变成进行创意训练的平台。

　　总之，有好的想法，就画出来。